BEI GRIN MACHT SICH IHR WISSEN BEZAHLT

- Wir veröffentlichen Ihre Hausarbeit,
  Bachelor- und Masterarbeit

- Ihr eigenes eBook und Buch -
  weltweit in allen wichtigen Shops

- Verdienen Sie an jedem Verkauf

Jetzt bei www.GRIN.com hochladen
und kostenlos publizieren

Horst Leipprand

Das Handelsprodukt Zyklon B

Eigenschaften, Produktion, Verkauf, Handhabung

GRIN Verlag

Bibliografische Information der Deutschen Nationalbibliothek:

Die Deutsche Bibliothek verzeichnet diese Publikation in der Deutschen National-
bibliografie; detaillierte bibliografische Daten sind im Internet über http://dnb.d-
nb.de/ abrufbar.

Dieses Werk sowie alle darin enthaltenen einzelnen Beiträge und Abbildungen
sind urheberrechtlich geschützt. Jede Verwertung, die nicht ausdrücklich vom
Urheberrechtsschutz zugelassen ist, bedarf der vorherigen Zustimmung des Verla-
ges. Das gilt insbesondere für Vervielfältigungen, Bearbeitungen, Übersetzungen,
Mikroverfilmungen, Auswertungen durch Datenbanken und für die Einspeicherung
und Verarbeitung in elektronische Systeme. Alle Rechte, auch die des auszugsweisen
Nachdrucks, der fotomechanischen Wiedergabe (einschließlich Mikrokopie) sowie
der Auswertung durch Datenbanken oder ähnliche Einrichtungen, vorbehalten.

Impressum:

Copyright © 2008 GRIN Verlag, Open Publishing GmbH
Druck und Bindung: Books on Demand GmbH, Norderstedt Germany
ISBN: 978-3-640-62153-8

Dieses Buch bei GRIN:

http://www.grin.com/de/e-book/150878/das-handelsprodukt-zyklon-b

GRIN - Your knowledge has value

Der GRIN Verlag publiziert seit 1998 wissenschaftliche Arbeiten von Studenten, Hochschullehrern und anderen Akademikern als eBook und gedrucktes Buch. Die Verlagswebsite www.grin.com ist die ideale Plattform zur Veröffentlichung von Hausarbeiten, Abschlussarbeiten, wissenschaftlichen Aufsätzen, Dissertationen und Fachbüchern.

Besuchen Sie uns im Internet:

http://www.grin.com/

http://www.facebook.com/grincom

http://www.twitter.com/grin_com

Dr. Horst Leipprand

Das Handelsprodukt Zyklon B

Eigenschaften, Produktion, Verkauf, Handhabung

Bild auf dem Umschlag: Kopie aus Gerhard Peters, Blausäure zur
Schädlingsbekämpfung in Sammlung chemischer
und chemisch-technischer Vorträge, Neue Folge,
Heft 20, Hrsg. H. Grossmann, F. Enke, Stuttgart
1933, S. 60

© 2008 Horst Leipprand
Eigenherstellung Mannheim

INHALTSVERZEICHNIS

DAS HANDELSPRODUKT ZYKLON B

Kapitel 1   Einleitung

Im Folgenden wird versucht, das Handelsprodukt Zyklon B möglichst wirklichkeitsnah zu beschreiben. Hautsächliche Grundlage dafür ist die wissenschaftliche Fachliteratur der Jahre 1922 – 1945. Zusätzliche Informationen ergaben sich bei der Besichtigung des Geländes und der noch erkennbaren baulichen Anordnungen und Gebäude der Firmen, die für Zyklon B den Trägerstoff und die Blausäure und daraus das fertige Zyklon B hergestellt haben. Das Produkt wurde in der Zeit in Deutschland in Dessau und im heutigen Tschechien in Kolin produziert und im In- und Ausland verkauft.

Es geht um ein Schädlingsbekämpfungsmittel, dessen wirksamer Bestandteil Blausäure ist, eine leicht siedende wasserklare hochgiftige Flüssigkeit (Siedepunkt 25,7°C). Äußerlich sah Zyklon B aus wie ein leicht rötlicher bis gelblicher feuchter Grieß. Verpackt war es in gewöhnlichen Blechdosen wie sie noch heute für viele Nahrungsmittel üblich sind. Man trug Gasmasken zum Öffnen der Dosen und schüttete das blausäurehaltige feinpulvrige grießförmige oder körnige Produkt in gut verschlossenen Räumen auf vorbereitete Papierunterlagen in dünner Schicht aus. Die Blausäure verdampfte fast vollständig in 1 bis 2 Stunden und wirkte z.B. in Schiffen, Mühlen, Kasernen, Museen, Wohnungen usw. als Gas gegen Schädlinge im Raum, in Kleidern, Betten, Möbeln, wurmstichigem Holz, wertvollen Büchern, Schmetterlingssammlungen usw.. Laufend wurden Details des Handelsproduktes geändert. Der Trägerstoff bestand aus ein bis drei gesteinsmehlähnlichen Einsatzstoffen (hauptsächlich Kieselgur und/oder Gips). Zeitweise war der Trägerstoff pulverförmig, zeitweise grießähnlich und zeitweise sah er aus wie sehr kleine Spielwürfel. Die Flüssigkeit, die im Trägerstoff aufgesaugt war, war kompliziert zusammengesetzt. Sie bestand zwar immer hauptsächlich aus Blausäure, aber verschiedene Verunreinigungen und Zusätze, die enthalten waren oder zugegeben werden mussten, wurden in der Zeit von 1922 bis 1945 so oft geändert, dass man in dem Punkt nicht eindeutig weiß, wie das Handelsprodukt zu einem bestimmten Zeitpunkt im Detail zusammengesetzt war. Dosen gab es sehr unterschiedlicher Größe, Angegeben wurde auf den Dosen der Gehalt an Zyanid, dem Bestandteil der Blausäure, der als Gift wirkt. Die Dosengrößen lagen zwischen 50 g und 1200 g Zyanid. Im Durchschnitt wogen die fertig gefüllten Dosen etwa dreimal so viel wie der angegebene Gehalt an Zyanid. Auch bei den Dosen hat sich im Laufe der Zeit einiges geändert. Zeitweise waren sie innen mit Gummi beschichtet oder mit einer anderen Schutzschicht versehen. Später waren es gewöhnliche Weißblechdosen. Die Blechstärke war mindestens am Anfang doppelt so groß wie die gewöhnlicher Konservendosen. Auf den Dosen musste das Befülldatum eingeprägt sein. Sie durften nur ein Jahr lang verwendet werden. Sie mussten strenge Festigkeits- und Dichtigkeitsprüfungen der Reichsanstalt für Materialprüfung in Berlin erfüllen. Zum Versand mussten sie in festen Holzkisten mit Abstandshaltern verpackt werden. Die Beschriftung von Dosen und Kisten war gesetzlich genau vorgeschrieben. Zum Versand durfte nur Zyklon B kommen, bei dem die Blausäure durch geeignete Zusätze vor gefährlichen Zerfalls- und Polymerisationsreaktionen geschützt war. Über den Gehalt an Geruchswarnstoffen gab es keine bindenden Vorschriften. Außerdem musste eine strikte Versanddokumentation eingehalten werden.
Die Produktbezeichnung war nicht immer eindeutig. Man bezeichnete es zwar meistens mit „Zyklon B", aber auch das Wort „Zyklon" taucht häufig auf, vor allem in Werbeannoncen der Vertreiberfirma Degesch (Deutsche Gesellschaft für Schädlingsbekämpfung). Auch die Bezeichnung „Zyklon-Verfahren" war üblich.

Außerdem gab es eine Zeit lang das Produkt „Zyklon C", bei dem ein Bestandteil des flüssigen Wirkstoffgemisches, der so genannte Geruchswarnstoff, ein anderer und höher dosiert war.

Zyklon B wurde in sehr viele Länder exportiert. Es gab noch eine Sonderform, vor allem für den Export nach USA, vor allem für Schiffsbegasungen. Als Trägerstoff wurden für dieses Produkt kein grießförmiger Stoff sondern Weichpappescheiben verwendet, die sehr ähnlich wie runde Bierdeckel aussahen. Diese wurden getränkt mit der Flüssigkeit aus Blausäure und Zusätzen und wie das grießförmige Produkt in Blechdosen verpackt. Man bezeichnete es als „Discoids" oder „Zyklon-Discoids".

Kapitel 2   Zuerst gab es Zyklon A

Im Versailler Friedensvertrag war festgelegt, dass in Deutschland kein Giftgas produziert werden durfte **1), 2), 3)**. Darunter fiel auch ein als „Zyklon" oder „Zyklon A" bezeichnetes Produkt, ein Flüssigkeitsgemisch aus Zyankohlensäuremethyl- und Zyankohlensäureäthylester mit etwa 10 % Chlorkohlensäuremethylester **4), 5), 6), 7)**. Das Produkt enthielt durchschnittlich 30 % gebundene Blausäure **8)**. Es wurde als Flüssigkeit benutzt und zur Schädlingsbekämpfung in Räumen versprüht. Die Bedeutung dieses Produktes war gering.
Nach dem ersten Weltkrieg war es aber der Ausgangspunkt für die Entwicklung des wesentlich bedeutenderen „Zyklon B".

Kapitel 3   Ab 1922 hieß das neue Produkt Zyklon B

Das neue Produkt Zyklon B gab es ab 1922 **9), 10), 11)**. Es unterschied sich grundsätzlich von Zyklon A. Dieses war eine Flüssigkeit, Zyklon B ein Feststoff, in dem das Flüssigkeitsgemisch aus Blausäure, Verunreinigungen und Zusätzen aufgesogen war.

Kieselgur als Trägerstoff

In Anlehnung an Erfahrungen aus der Sprengstoffindustrie verwendete man als Feststoff am Anfang mehlfeines Kieselgur, ging aber sehr bald auf körniges, grießförmiges Kieselgur über. Das Handelsprodukt Kieselgur ist meistens ein mehlfeines helles bis leicht gefärbtes Pulver, das je nach Qualität zwischen 280 und 500 Gramm pro Liter wiegt. Es gibt auch Qualitäten, die nur ca. 120 g/l wiegen. Es wird auch in gekörnter Form angeboten. Es stammt aus Kieselgurlagern des Diluviums oder des Tertiärs, die sich in Gewässern beim Absinken abgestorbener Kieselguralgen gebildet haben. Lagerstätten gibt es fast überall auf der Erde. Die größte und am frühesten abgebaute in Deutschland liegt in der Lüneburger Heide (Unterlüß, Munster, Brehloh, Neuohe). Seit etwa 1990 wird dort nicht mehr abgebaut. Versand und Vertrieb von importierten Sorten erfolgt von Munster aus durch die Firma United Minerals, USA. Es gibt weitere, weniger bedeutende Vorkommen in Deutschland in Klieken, (Nähe von Dessau) am Vogelsberg, bei Altenschürf, Staßfurt, Beuren und in der Lausitz. In Tschechien gibt es bedeutende Vorkommen bei Franzensbad, Bilin und vor allem bei Forbes. Ähnlich zahlreich sind die Vorkommen in vielen Ländern. In den Lagerstätten unterscheidet man vor allem zwischen Leichtgur, einer hellen bis weißen Ablagerung mit einem Kieselsäuregehalt um 90 % und Schwergur, die nur 70 – 80 % Kieselsäure und daneben noch organische Substanzen der Kieselalgen enthält und dadurch grau bis grün aussieht. Um Handelsprodukte zu erhalten, wird die Leichtgur getrocknet, von Verunreinigungen befreit und meist als mehlfeines Produkt mit einem Schüttgewicht von unter 300 g/l verkauft. Die Schwergur wird nach dem Trocknen häufig kalziniert, im einfachsten Fall in Meilern, ähnlich den Meilern zur Holzkohlegewinnung, sonst in Kalzinieröfen. Dabei fällt sie stückig oder mehlförmig an. In diesen Formen wird sie verkauft. Das Schüttgewicht liegt deutlich höher als das der Leichtgur. Kalziniert liegt es bei ca. 450 g/l. Untersucht man Kieselgur mikroskopisch, so erschließt sich eine Wunderwelt geometrischer Formen und Strukturen unzähliger verschiedener

Kieselalgen, von denen es mehr als 15000 verschiedene geben soll. Für jedes Vorkommen sind diese Formen so charakteristisch, dass man ein Produkt mikroskopisch leicht einer Lagerstätte zuordnen kann. Angewendet wird Kieselgur für überraschend viele verschiedene Zwecke, im Alltag z.B. für Silberpolitur und Autopolitur. Wichtig sind die industriellen Anwendungen als Rohstoff für chemische Umwandlungen, für Glas und Keramik, für Wärmeschutzmassen am Bau, für Schleif- und Poliermittel, als Füllstoff für Gummi und Kunststoff. Besonders wichtig ist Kieselgur als Filterhilfsmittel zur Filtration von Bier, Obstsäften, Öl usw., zur Entkeimung und Entfärbung und zu speziellen Reinigungen von Flüssigkeiten. Bedeutend ist auch die Anwendung von Kieselgur als Speicher von gefährlichen Flüssigkeiten, z. B. von Acetylen, von Sprengstoffen und für Zyklon B von Blausäure. Bei Sprengstoffen ist Gurdynamit (Kieselgur mit Nitroglycerin) ein bekanntes Produkt. Im Haushalt kannte man früher Hartspiritus (Kieselgur mit Alkohol getränkt). Angewendet wird Kieselgur auch als Gasreinigungsmittel und vor allem als Katalysator für chemische Reaktionen. Hier angegebene Einzelheiten über Kieselgur wurden vor allem einer Druckschrift von F. Kainer entnommen **12)**. Außerdem wurden Informationen über Kieselgur aus Handbüchern verwendet **13)**, **14)**, **15)**, **16)**.

Kompliziertes Blausäure-Wirkstoffgemisch

Wenn man Löschpapier an einer Stelle in einen Tintenklecks hält, saugt es die ganze Tinte auf. So funktioniert auch das Tränken des Zyklon B-Trägerstoffes mit dem Blausäure-Wirkstoffgemisch. Aus verschiedenen Gründen war es ein kompliziertes Gemisch. Für Zyklon B wurde die Blausäure in Dessau und Kolin (Böhmen) aus Rückständen der Zuckerherstellung durch zweistufiges Erhitzen auf ca. 800° C, dann auf ca. 1600° C hergestellt. Aus diesem Verfahren stammen einige Verunreinigungen in der Blausäure, vor allem Benzonitril, Acetonitril und Naphtalin **17)**. Außerdem sind noch Restmengen an Wasser enthalten.

Die Verunreinigungen dürften insgesamt etwa 3 % ausgemacht haben, davon Acetonitril und Benzonitril je etwa 1 %.
Weil Blausäure schon im schwach alkalischen Milieu zu gefährlichen Zersetzungen neigt, müssen dem flüssigen Wirkstoffgemisch saure oder sauer wirkende Bestandteile zugegeben werden. Bei der Anwendung von Blausäure, also auch von Zyklon B, besteht Vergiftungsgefahr, weil die Blausäure nur so schwach riecht, dass man die Gefahr nicht oder zu spät merkt. Deshalb wird dem Blausäure-Wirkstoffgemisch ein so genannter Warnstoff zugegeben; man könnte sagen: ein Tränengas. Die ersten Zyklon B-Produkte orientierten sich in diesen beiden Punkten an dem Vorläuferprodukt Zyklon A. Der dort enthaltene Geruchswarnstoff, Chlorkohlensäuremethylester, vereint beide Eigenschaften in einem Zusatz: Er ist ein starker Geruchswarnstoff und wirkt zugleich als saurer Bestandteil, d.h. als Stabilisator der Blausäure. Zyklon B enthielt wahrscheinlich 3 – 5 % von diesem Zusatz. Bald merkte man aber, dass damit verschiedene Nachteile verbunden waren. Deshalb wurden in der Folgezeit Stabilisatoren und Geruchswarnstoffe als zwei verschiedene Produkte verwendet und immer wieder geändert.
Darüber wird in Kapitel 6 berichtet.

100 g des ersten Zyklon B enthielten vermutlich ungefähr folgende Anteile der verschiedenen Stoffe: Kieselgur ca. 50 g, Blausäure ca. 46,8 g, Chlorameisensäure-methylester ca. 2 g, Schwefelsäure 0,20 g, Verunreinigungen ca. 1 g.

Kapitel 4   Moderne Schädlingsbekämpfung mit Zyklon B

Blausäure wird seit etwa 120 Jahren zur Bekämpfung von Schadinsekten benutzt. 1877 wurde zum ersten Mal Blausäure benutzt, um Schädlingen in Insektensammlungen zu bekämpfen **18)**. 1887 wurde in Kalifornien die Begasung von Zitrus-Bäumen zur Bekämpfung von Schildläusen und anderen Schädlingen eingeführt **19)**.

Abb. 1   Baumbegasung in Aegypten   Quellenverzeichnis **20)**

Von dort aus hat sich das Verfahren weltweit verbreitet in Länder wie Spanien, Italien, Ägypten, Syrien, Palästina. Allein in Süditalien wurden zwischen 1928 und 1931   5 Millionen Bäume zu Kosten von damals ca. 0,5 RM pro Baum begast. Ähnliche Begasungszahlen gelten für Spanien, Ägypten, Palästina, Syrien. Das Verfahren wurde auch in Ländern Afrikas, Südamerikas, sogar in Japan angewendet. Nach Schätzungen wurden in den 30-er Jahren etwa 25 Mio. Bäume begast, davon in Kalifornien mindestens 7 und in Spanien mindestens 8 Mio. Bäume pro Jahr. **21), 22)**. Dafür wurden vor der Einführung von Zyklon B etwa 25 Mio. kg Natriumzyanid verbraucht.

In Deutschland begann die Anwendung der Blausäure zur Schädlingsbekämpfung mit der Begasung einer Mühle des Kommerzienrates Adam Schulz in Heidingsfeld bei Würzburg im Jahre 1917 **23), 24)**.

Ziel war dabei die Bekämpfung der Mehlmotte. Baumbegasungen gab es in Deutschland nicht. Dagegen hat sich die Mühlendurchgasung mit Blausäure durchgesetzt. Bis 1929 wurden in Deutschland 12,5 Mio. Kubikmeter Mühlenraum durchgast **25)**.

Bald kam in Deutschland die Blausäurebegasung von Lazaretten, Kasernen und Schiffen und vieler anderer Gebäude hinzu.

Vom Beginn der Blausäurebegasung bis etwas zum Jahre 1925 wurde dazu das so genannte Bottichverfahren benutzt. Man legt dazu in einen Bottich die berechnete Menge an Natriumzyanid vor, verdünnt die erforderliche Menge Schwefelsäure mit Wasser, wodurch die verdünnte Schwefelsäure warm wird. Dann gibt man unter Atemschutz oder mit Fernbedienung die verdünnte Schwefelsäure zum Natriumzyanid; dadurch entwickeln sich unter Aufbrausen große Mengen an Blausäure. Eine Variante dieses Verfahrens sind „Blausäure-Generatoren", fahrbare

Apparate, die Blausäure nach Bedarf aus Natriumzyanid und Schwefelsäure entwickeln können **26)**. Statt Blausäure durch eine chemische Reaktion jeweils vor Ort herzustellen, wurde auch flüssige Blausäure verwendet, die aus kleinen Vorratsbehältern mit Pumpen und Schlauchleitungen in den Begasungsraum gefördert wurde. So wurden vor allem in Kalifornien und Spanien Baumbegasungen durchgeführt **27)**.
Ein weiteres Begasungsverfahren benutzte Kalziumzyanid, ein helles feines Pulver, das Blausäure vor allem freisetzt, wenn Feuchtigkeit vorhanden ist. Deshalb wurde dieses Produkt und Verfahren praktisch ausschließlich in Gewächshäusern verwendet. Das Verfahren wurde u.a. „Cyanogas-Verfahren" genannt **28), 29)**.

Das Blausäureprodukt Zyklon B war von seiner Einführung an sehr erfolgreich. Das lag daran, dass es von Anfang an bequemer, billiger und sicherer war, Zyklon B zu verwenden, statt mit der Bottichmethode oder mit flüssiger Blausäure zu hantieren. Hauptnachteil der Bottichmethode war, dass man mit Natriumzyanid, konzentrierter Schwefelsäure und Wasser hantieren musste, und dass in dem Ansetzbottich etwa 10 % des Zyanids blieben und entsorgt werden mussten. Hauptnachteil der Anwendung flüssiger Blausäure war die extreme Vergiftungsgefahr bei Fehlbedienungen und das Sicherheitsrisiko flüssiger Blausäure, die vom Hersteller verantwortungsbewusst mit Stabilisatorzusätzen vor Zersetzung und Explosion geschützt werden musste, und die wegen dieses Risikos besonders rein sein musste.
Demgegenüber stellte das moderne Produkt Zyklon B einen riesigen Fortschritt dar:
Die Blausäure war an einen inerten Trägerstoff gebunden, die Verdampfung war verlangsamt, die Explosionsgefahr beseitigt, nur gegen langsame Zersetzung im Kieselgur musste man sie noch durch Stabilisatoren schützen.
Im Gebrauch war die Dosierung kein Problem, weil es viele unterschiedliche Dosengrößen gab. Dadurch wurde die Begasung einfacher und entsprechend billiger.

Kapitel 5   Der Markt für Zyklon B expandiert

Blausäurebegasung mit dem Bottichverfahren oder mit flüssiger Blausäure waren „alte Marktprodukte". Zyklon B war das moderne verbesserte „Marktprodukt". Zyklon B ging aber praktisch nicht in große vorhandene Märkte für die Blausäurebegasung, die Begasung von Zitrusplantagen. Dagegen taten sich neue Märkte auf in Mühlen gegen Mehlmotten, in Lager- und Kühlhäusern mit gemischten Beständen an Nahrungsmitteln gegen Mäuse, Ratten und Ameisen, in Kakaofabriken gegen die Kakaomotte, in Nahrungs- und Genussmittelfabriken gegen Dörrobstmotten und andere Schädlinge, in Tabakschuppen gegen den Tabakwurm, in Häute- und Darmlagern gegen den Speckkäfer; in Schiffen gegen Ratten; in Kasernen, Baracken, Wohnungen, Eisenbahnwagen, Flugzeugen usw. gegen Wanzen, Flöhe, Läuse, Pelz- und Kleidermotten und andere Schädlinge; in Kirchen gegen Holzbock und Holzschädlingen und in vielen Spezialanwendungen wie Bibliotheken, Museen usw..

Bereits 1926, vier Jahre nach der Einführung von Zyklon B, waren 250 t Blausäure im Zyklonverfahren verwendet worden. **30)**
Für die Umrechnung der Rauminhalte der Begasung mit Blausäure benutzt man üblicherweise einen Bedarf von 10 g Blausäure pro Kubikmeter, entsprechend 10 t pro Million Kubikmeter.
Für 1926 entnimmt man einer Grafik, dass allein im Hafen von Rotterdam 1,7 Mio m³ Schiffsraum entsprechend ca. 17 t Blausäure mit Zyklon B durchgast wurde. **31)**

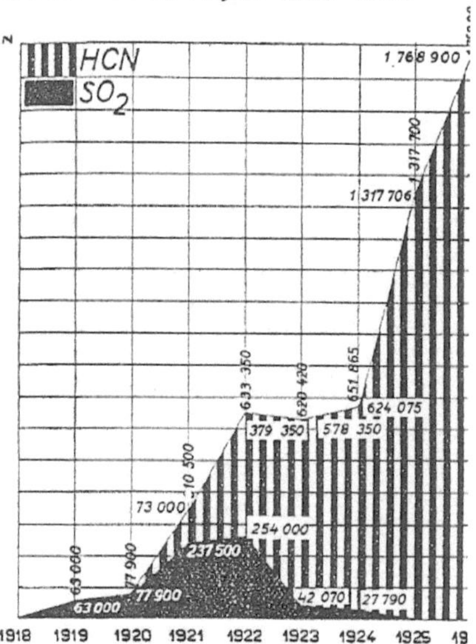

„Die Zwischenräume zwischen den Querlinien bedeuten jeweils 100 000 cbm. Die eingetragenen Ziffern stellen die Anzahl durchgaster Kubikmeter dar."

Abb. 2 Schiffsdurchgasungen im Rotterdamer Hafen   Quellenverzeichnis **31)**

Nach 1945 wurde Zyklon B nicht mehr hergestellt. In der ehemaligen DDR wurde von 1951 bis 1968 ein Nachfolgeprodukt mit der Bezeichnung „Cyanol" mit Weichpappescheiben als Trägerstoff hergestellt. Ein grießförmiges Produkt gab es dort nicht mehr.

Für 1927 gibt eine ähnliche Grafik für die Begasungen in Deutschland einen Gesamtrauminhalt von 9 Mio. m³ pro Jahr, entsprechend ca. 90 t Blausäure aus Zyklon B an **32), 33)**.

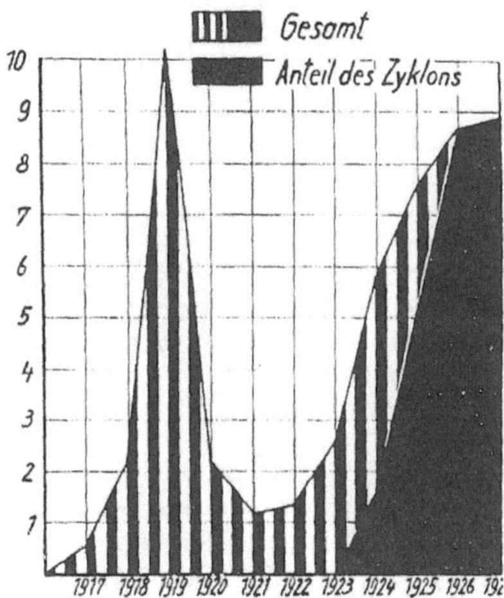

Abb. 3 Gesamtdurchgasungen in Deutschland   Quellenverzeichnis **32), 33)**

Bis 1932 wurden in Deutschland etwa 100 Mio. Kubikmeter Raum – entsprechend 1000 t Blausäure – mit Zyklon B begast, darunter 16 Mio. Kubikmeter in 1300 Mühlen **34)**
Bis 1937 waren es 132 Mio. Kubikmeter begaster Raum, davon 22 Mio. Kubikmeter Mühlen und 80 Mio. Kubikmeter Schiffsraum, entsprechend ca. 1320 t Blausäure. **35)**
Weltweit wurden mit verschiedenen Begasungsverfahren in dem Zeitpunkt pro Jahr einige tausend Tonnen Blausäure zur Schädlingsbekämpfung eingesetzt. **36)**

Vor allem für Großraumbegasungen eignete sich das Zyklon-Verfahren. Die größte Mühle war 156 000 m³, das größte Gebäude 242 000 Kubikmeter und das größte Schiff 160 000 Kubikmeter groß **37)**.
Angaben über den Verbrauch an Zyklon B nach 1937 in Deutschland existieren in der Fachliteratur nicht. Der Verbrauch an Zyklon B in Deutschland lag zwischen 1922 und 1926 bei 50 – 70 t/Jahr; zwischen 1926 und 1932 bei 100 – 130 t/Jahr und zwischen 1932 und 1937 bei 60 – 90 t/Jahr. Bei Kriegsende lagen Produktionskapazität und Gesamtverkauf der Fabrik, die nach allgemein gültiger Ansicht die Hauptmenge produzierte, der Dessauer Zuckerraffinerie GmbH, Dessau,

zwischen 10 und 20 t pro Monat **38), 39)**, entsprechend 120 bis 240 t/Jahr. In den Jahren 1939 – 1944 dürfte der größte Teil dieser Mengen für zivile und militärische Zwecke im deutschen Einflussbereich verbraucht worden sein. Zwei wichtige Gründe für die schnelle Verbreitung und den Markterfolg von Zyklon B sind besonders zu nennen: schnelle Zunahme von Großraumbegasungen und der Bau von unzähligen technisch besonders effizienten, stationären Gaskammern. Über Großraumbegasungen an Objekten in Köln, Mainz, Krefeld, Solingen, Frankfurt, Wiesbaden, Ludwigshafen/Rhein und an ausländischen Objekten und Schiffen wird schon 1927 mit Abbildung der Objekte ausführlich berichtet **40)**. Über die Begasung des größten deutschen Ozeanriesen die „BREMEN" des Norddeutschen Lloyd wurde 1935 berichtet **41)**. Wesentlich für die Markterfolge von Zyklon B im Export war die weltweit starke Zunahme der Schiffsbegasungen. Das hing damit zusammen, dass im Juni 1926 ein internationales Sanitätsabkommen zur Bekämpfung von Seuchen, vor allem von Fleckfieber und Pocken von über 100 Staaten unterzeichnet wurde. Es bezieht sich im Artikel 27 auf die Bekämpfung von Ratten als Überträger solcher Krankheiten auf Schiffen.
Dem Abkommen haben sich die Hygienekommission des Völkerbundes und das Office International d'Hygiene Publique angeschlossen **42)**. Es wurde in Deutschland durch ein Gesetz über das internationale Sanitätsabkommen vom 18.03.1930 in Kraft gesetzt **43)**. In vielen Seehäfen wurden zunehmende Mengen an Zyklon B zur Schiffsentrattung verwendet.
Besonders ausführliche und detaillierte Berichte gibt es über die Entrattung von Schiffen in Häfen der USA mit verschiedenen Blausäurebegasungsmethoden. Diese Berichte enthalten auch ausführliche Vergleiche der Anwendung von Zyklon B und Zyklon Diskoids und Vergleiche dieser beiden Produkte mit der Anwendung flüssiger Blausäure **44) – 51)**.

Ein weiterer Grund für den Markterfolg von Zyklon B waren zahlreiche stationäre Gaskammern mit einer einfachen sicheren und wirkungsvollen Technik zur Begasung und Lüftung, die in sehr vielen deutschen Städten aufgestellt wurden, die ersten vor 1928 in Essen, Hamburg, Dresden, Breslau, Berlin und Flensburg. Die ersten ausführlichen Beschreibungen solcher Gaskammern stammen aus den Jahren 1929 und 1930 **52) – 57)**.
Die Kosten in RM für die Entwesung von Einzelstücken betrugen z. B. in Königsberg 4,50; Mainz: Klavier 4,60; Kleiderschrank 7,20 / 8,00; Steppdecke 0,55/0,40. Ab etwa 1936 wurden technisch stark verbesserte Kreislaufgaskammern mit gefahrloser Beschickung von außen und Umstellmöglichkeit von Kreislauf auf Belüftung durch Änderung der Stellung eines Vierwegehahnes gebaut **58) 59)**. Man dachte sogar daran am Stadtrand der großen Städte auf dem Gelände von Tankstellen Großraum-Gaskammern zu bauen, in denen ganze LKW-Ladungen, vor allem bei Umzügen von Möbelwagen mit Umzugsgut, entwest werden sollten **60)**. Stationäre Gaskammern waren soweit verbreitet, dass in solchen Kammern 1940 die Kleidung von 5 Mio. Wehrmachtsangehörigen und Gefangenen mit Blausäure entwest wurden **61)**. Die ortsfesten Gaskammern und der Ablauf der Entwesung waren technisch so weit entwickelt, dass in einer Kreislaufkammer in 75 – 90 Minuten ein ganzer Zyklus mit Beschicken, Begasen, Lüften und Entleeren durchgeführt werden konnte, obwohl zur Abtötung auch der Larven der Läuse eine Blausäuregasintensität von 10 g Std/m³ benötigt wird. In einer Kammer von 10 m³ Inhalt konnten 150 – 200 Monturen pro Tag entwest werden **61)**. In Deutschland mussten ortsfeste Gaskammern einzeln genehmigt werden. Fahrbare Kammern waren mit Ausnahme für Zwecke der Entseuchung von Pflanzensendungen verboten **62)**.

Im Ausland gab es auch fahrbare Gaskammern zur Möbelentwesung. In Odense, Dänemark, war ein gasdichter Möbelwagen von 20 m³ Inhalt stationiert **63), 64), 65)**.

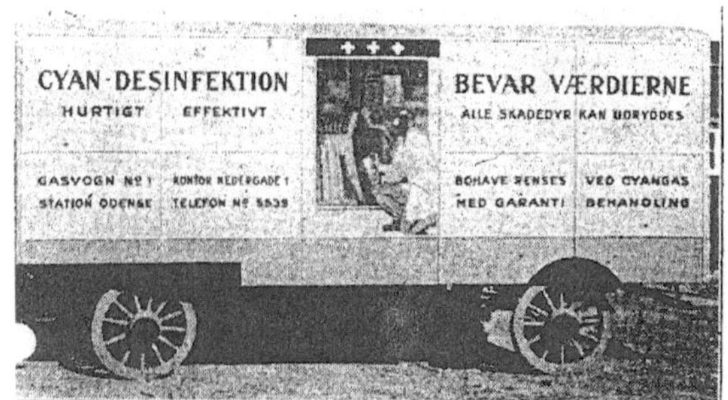

Abb. 4 Fahrbarer Gaskammer-Möbelwagen,   Quellenverzeichnis **65)**
Odense, Dänemark

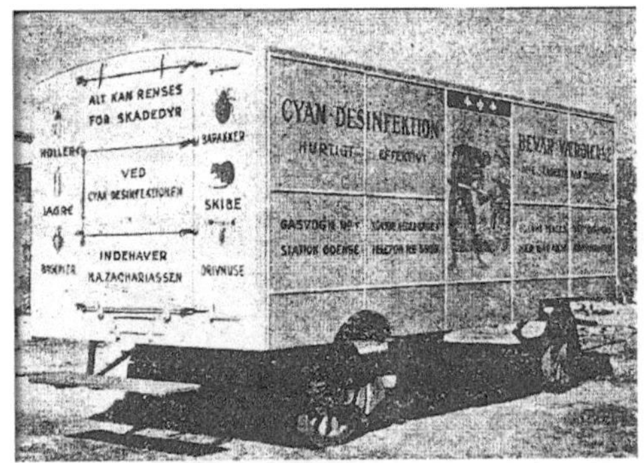

„Dieser gasdichte Möbelwagen
braucht natürlich nicht in eine Gaskammer gefahren zu werden: Diese Methode ist einfacher und billiger. In Dänemark wurde sie bereits kurz nach dem Krieg eingeführt; in England ist sie sehr gebräuchlich."

Abb. 5 Fahrbarer Gaskammer-Möbelwagen,
Odense, Dänemark   Quellenverzeichnis **64)**

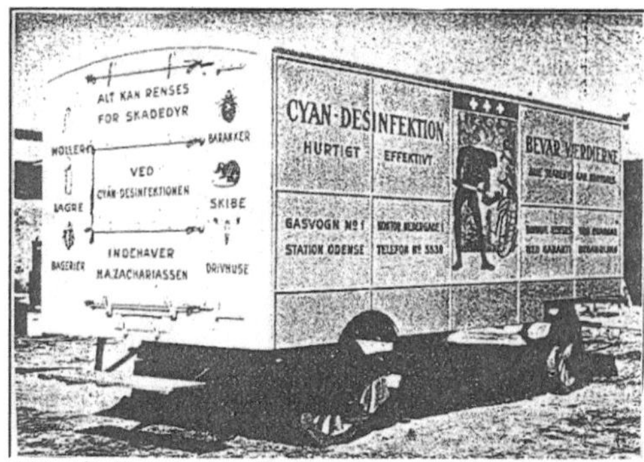

Abb. 6 Fahrbarer Gaskammer-Möbelwagen,
      Odense, Dänemark   Quellenverzeichnis **63)**

In größerem Umfang wurden mit Unterstützung der Regierung in England fahrbare Gaskammern eingesetzt **66), 67), 68).**

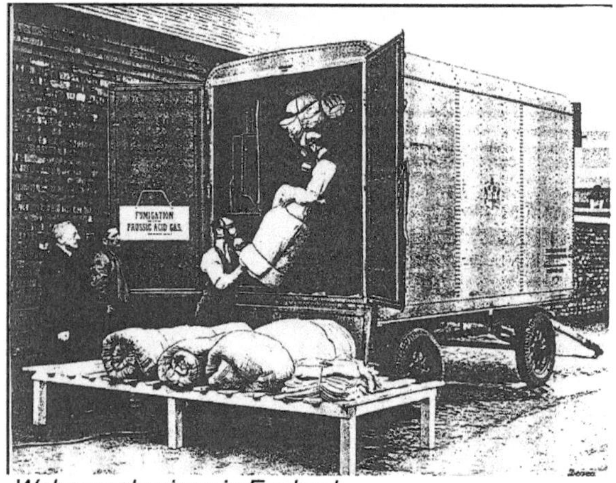

„Wohnungshygiene in England.
Entwesung von Umzugsgut in fahrbaren Kammern"

Abb. 7 Fahrbarer Gaskammer-Möbelwagen
      England   Quellenverzeichnis **66)**

Zum Abschluss des Abschnittes über die Markterfolge von Zyklon B sei noch eine spektakuläre Blausäurebegasung der Pfarrkirche in Kefermarkt – nördlich von Linz – zur Bekämpfung des von Holzschädlingen befallenen Flügelaltars genannt **69)**. Im 6000 m³ großen Kirchenraum wurden am 04.11.1929 75 kg Zyklon B eingesetzt, am 08.11. wurden 14,4 kg nachbeschickt, am 12.11. wurde die Begasung beendet. Die erfolgreich verlaufene Begasung ist deshalb besonders interessant, weil alle Einzelheiten genauestens dokumentiert sind.

Kapitel 6 Das Zyklon B Konzept
Trägerstoff, Blausäure-Wirkstoffgemisch, Blechdosen
und Gesamtverpackung

Für Transport und Anwendung muss flüssige Blausäure möglichst wasserfrei, durch chemische Zusätze stabilisiert und in schweren druckfesten Stahlflaschen abgefüllt werden.

Das Zyklon-B-Konzept setzt entscheidende Vorteile dagegen: Im Trägerstoff aufgesaugt sind die unangenehmen Eigenschaften der Blausäure stark gemildert. Durch langsames Verdunsten aus dem Trägerstoff entwickelt sich die hohe Giftwirkung langsamer, die Explosionsgefahr ist durch die Verdünnung im Trägerstoff praktisch ausgeschaltet, und die Verpackung kann aus einfachen Weißblechdosen bestehen.

Dieses Konzept ist seit 1922 gleich geblieben. In einem Patent der DEGESCH vom 20.06.1922 wurde es patentiert **70)**. Die Einzelheiten wurden zwischen 1922 und 1945 laufend verbessert und häufig geändert und den Umständen angepasst. Darüber berichten die folgenden Abschnitte.

Kapitel 6 a   Der Trägerstoff

Kieselgur war der Trägerstoff, der in den Anfangsjahren benutzt wurde. Einige Informationen darüber stehen in Kapitel 3. Hier werden weitere Einzelheiten festgehalten.

Über die erste Praxisprüfung eines Handelsproduktes Zyklon B wird 1924 berichtet. **71)** Nach umfangreichen Rüttel-, Stoß-, Fall- und Einschlagversuchen mit Einzelbüchsen und Gesamtverpackungen von Zyklon B kommt die Reichsanstalt für Materialprüfung Berlin zu dem Schluss, dass der Inhalt der Büchsen mangelhaft ist, weil der Trägerstoff sich zu einer zementartigen Masse verdichtet hat und flüssige Blausäure ausgetreten ist, und dass die Gesamtverpackung mangelhaft ist, weil in der Gesamtverpackung die Büchsen sich gegenseitig aufgerieben haben und dadurch undicht geworden sind. Die Reichsanstalt empfiehlt deshalb, die Büchsen mit Pappdeckeln gegeneinander zu sichern und einen weniger „zerreiblichen" Trägerstoff ausfindig zu machen. Aus diesem Bericht geht hervor, dass damals der Trägerstoff mehlfeines Kieselgur oder ein sehr leicht zerfallendes Kieselgurgranulat war. 1932 wird von „Diagries" berichtet, bei dem 1 Gewichtsanteil Blausäure in 1,3 Gewichtsteilen Diagries aufgesaugt war **72)**. Ein Jahr davor wurde bei Versuchen über die explosiven Eigenschaften von Blausäure eine Mischung von Diagries/Blausäure im Verhältnis 1,3/1 untersucht **73)**. Es ist möglich, für den Trägerstoff in Zyklon B aus diesen Angaben einiges abzuleiten: Je leichter die Kieselgur ist, desto mehr saugt sie auf, je schwerer sie ist, desto weniger. Heutige Produkte der Firma United Minerals, 29633 Munster, bestätigen dies deutlich. Sorte FN 1, Schüttgewicht 170 g/l saugt 145 g Wasser pro 100 g Gur auf, Sorte FP 3, Schüttgewicht 190 g/l saugt 140 g pro 100 g Gur auf, Sorte 14/1K, Schüttgewicht 470 g/l saugt 70 g pro 100 g Gur auf und Sorte G 1000, Schüttgewicht 530 g/l saugt 65 g Wasser pro 100 g Gur auf. Dies hängt damit zusammen, dass bei den leichten

Produkten die Skelette der Kieselalgen weitgehend erhalten und die vorhandenen Hohlräume deshalb größer sind. Da man aber sehr leichte Produkte schlecht handhaben kann, verarbeitet man sie nach Möglichkeit zu körnigen Produkten mit Korngrößen zwischen Gries- und Erbsengröße. Dabei wird die Hohlraumstruktur der Kieselalgen teilweise zerstört, und das führt zu höherem Schüttgewicht und geringerem Aufsaugvermögen. Der oben erwähnte Diagries ist möglicherweise ein Produkt, das durch Kalzinieren (Erhitzen auf 700 bis 800° C) körnig gemacht wurde und ein Schüttegwicht von ca. 450 g/l hatte. Vermutlich wurde ein solcher Trägerstoff eine zeitlang als Trägerstoff für Zyklon B benutzt. Wahrscheinlich gab es auch eine Zeit, in der Zyklon B mit unterschiedlichen Trägerstoffen in den Handel kam, denn ab 1926 wird auch von Zyklon B berichtet, bei dem 1 Gewichtsteil Blausäure in 1 Gewichtsteil Trägerstoff aufgesogen war **74), 75)**. Bis 1932 wird über Kieselgur, auch „Diatomit" genannt, als Trägerstoff berichtet. Das Produkt wird als „feiner brauner Sand" **76)**, „grobpulvrige rötlich-braune Masse" **77)**, „Körnige Diatomeenerde" **78)**, „poröse granulierte erdige Substanz" **79)**, „Diagries" **80)**, „Kieselgur-Erde" **81)** oder „körniger Diatomit" **82)** bezeichnet. In vielen weiteren Schriften wird der Trägerstoff einfach als Kieselgur, Diatomit oder erdige Substanz bezeichnet.

Die Bezeichnung „Lambda-Würfel" für einen neuen Trägerstoff taucht das erste Mal 1929 auf **83)**. Vermutlich ist dies ein Trägerstoff, der überwiegend aus Gips besteht. 1931 wird der Trägerstoff als „kieselgurähnliches Gemenge", „Erco", bezeichnet **84)**. 1933 erscheint eine zusammenfassende Veröffentlichung in Buchform des verantwortlichen Technikers der DEGESCH, Dr. G. Peters, mit einer Abbildung von Zyklon-Dosen verschiedener Größe und mit den abgebildeten Trägerstoffen „Erco", „Diagries" und „Discoids" **85)**.

Abb. 8
„Erco"   „Diagrieß" „Discoids"
Zyklon-Dosen mit verschiedenen Träger-
Materialien.
Quellenverzeichnis **85)**

Abb. 9
Zyklondosen verschiedenen
Inhalts (links und rechts ausge-
schüttetes Trägermaterial)
Quellenverzeichnis **86)**

Von dem Zeitpunkt an werden der oder die Trägerstoffe von Zyklon B außer in einer
fast identischen Abbildung praktisch nicht mehr erwähnt **86)**.

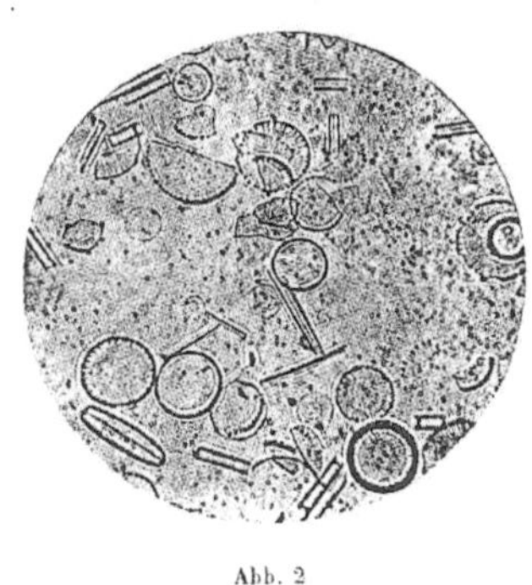

Kieselguhr
aus
Werk Klieken/Anhalt
(ca. 420✕)

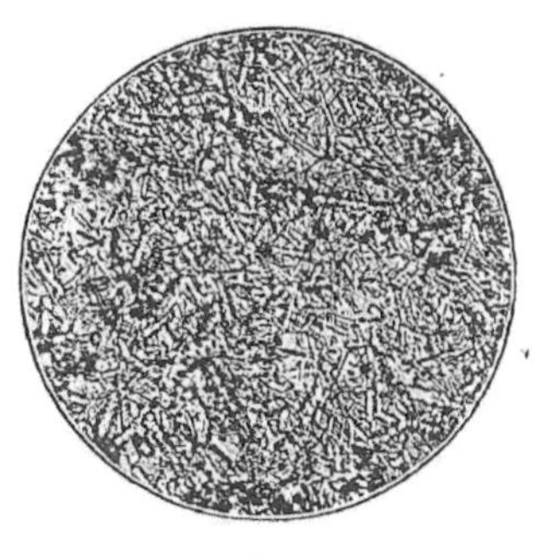

Lambda Material D.R.P.
von
Rheinhold & Co., Berlin
(ca. 150✕)

Abb. 10   Quellenverzeichnis **89)**   Abb. 11   Quellenverzeichnis **89)**

Firmenschriften der Firma Rheinhold & Co enthalten neben Materialkennzahlen und umfangreichen technischen Tabellen über Wärme-, Kälte- und Schallschutz einige Produktinformationen. Die Bezeichnung dieser Schriften lautete in den Jahren 1928 und 1931 „WSW-Kalender". 87) In der Schrift von 1928, S. 24 – 28 stehen die Produktbezeichnungen „Kieselgurleichtmasse T 108", „Lambda"-Material und „Dia"-Material". Als Anlage zu S. 24 sind in vergrößerten Darstellungen „Kieselguhr" aus dem Werk Klieken (bei Coswig) und „Lambda-Material DRP" abgebildet 89).

Auf dem Umschlag der Schriften von 1928 und 1931 finden sich in stilisierter Form Zeichen für Wärmedämmung, die Firma Rheinhold & Co und der griechische Buchstabe Lambda 90).

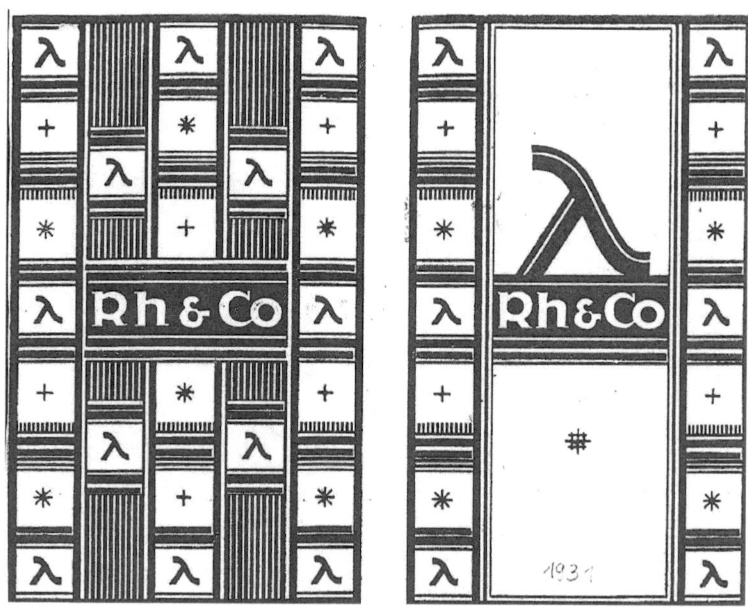

Abb. 11 Schrift Rheinhold & Co 1931
Umschlagseite

Quellenverzeichnis 90)

Die Schriften der Jahre 1933, 1935, 1937 und 1940 heißen „WSW-Tabellarium" 88). In allen diesen Firmenschriften stehen die Namen und Adressen des Stammhauses, der Verkaufsniederlassungen und der Fabriken mit Gruben. Der Außenumschlag der Schriften 1933 – 40 ist einfacher und enthält nur die stilisierten Symbole des Firmennamens und des Lambda-Material 91).

Abb. 12 Schrift Rheinhold & Co   Quellenverzeichnis **91)**
1940 Umschlag

Unter anderem stehen in der Schrift von 1933 die Produktbezeichnungen „Kieselgur-Wäremschutzmasse" und „Dia-Gries"; in der von 1935 „Leichtdia", "Dia", „Kieselgur-leichtmasse T 108" und "Dia-Gries"; in der von 1937 „Leichtdia", „Dia", „Leichtgips KWF", „Kieselgurleichtmasse T 108" und „Kieselgur-Wärmeschutzmasse"; in der von 1940 „Leichtdia", „Superdia", „Dia-Gries", „Leichtmasse T 108" und „Kieselgur-Wärmeschutzmasse".

Die zeitweise als Trägerstoff für Zyklon B verwendeten Produkte „Lambda" und „Dia" sind in den Firmenschriften der Firma Rheinhold & Co eindeutig zu identifizieren. Der Trägerstoff für Zyklon B mit der Bezeichnung „Erco" wird in diesen Schriften nicht genannt.

Erst 1945 finden sich wieder Aussagen zum Trägerstoff von Zyklon B in FIAT – und BIOS-Reports. An einer Stelle heißt es: „Cyclon ist the trade name for hydrogen-cyanide absorbed on kieselgur, kaolin, erco (gypsum) or similiar absorbents" **92)**. An anderer Stelle: „Cyclon B is manufactured by the Dessauer Zuckerfabrik, who obtain the active agent HCN from the sugar beet residues. The 79% HCN is poured on $CaSO_4$ starch lumps" **92)** und an einer weiteren Stelle: "Cyclon B consists of liquid HCN, of high purity, with a little bromoacectic ethyl ester as a lacrimator and oxalic acid as a stabilzer, sorbed on thick paper discs, silica gel, gypsum or a similar material" **93)**.

Tabelle 1 stellt den Versuch dar, für den Trägerstoff für Zyklon B aus den Angaben der wissenschaftlichen Fachliteratur zu rekonstruieren, wie er zu unterschiedlichen Zeiten zusammengesetzt war.

Tabelle 1 Trägerstoff für Zyklon B 1922 – 1945. (Rekonstruktion)

Angaben zum Trägerstoff für Zyklon B

Zeitraum	Material	Form	Aussehen	Bemerkung
1922 – 1925	Kieselgur S.G. Ca 250 g/l	mehlfein	hell	Saugt sehr gut HCN auf, aber HCN-Bindung schlecht (Rüttelversuch). Handhabung unbefriedigend. Kieselgur?
1925 – 1931	Kieselgur Calciniert / Gips S.G. 450 g/l	Gries Korngröße ca. 1 mm	gelblich-bräunlich	Saugt weniger HCN auf. HCN-Bindung, Handhabung besser. „Lambda-Material"?
1926 - ?	Kieselgur S. G. 340 g/l / Gips	Gries Korngröße ca. 1 mm	gelblich-bräunlich	Saugt gut HCN auf. HCN-Bindung,Handhabung besser.
1929 – 1930	Leichtgips S.G. über 450 g/l	Würfel ca. 7 x 7 mm	weiß	Saugt deutlich weniger HCN auf. Bindung Handhabung gut. „Dia-Material"
1931 – 1945	Kieselg./Gips/ Stärke, S.G. ca. 340 g/l	Gries Korngröße 1 – 4 mm	hell	HCN-Aufsaugung, HCN-Bindung, Handhabung weitgehend optimiert. „Erco-Material"

Die in der Fachliteratur verfügbaren Angaben sagen nichts aus über die Zusammensetzung des ab etwa 1931 verwendeten Trägerstoffes. Überlegungen und Versuche ermöglichen es jedoch, die Zusammensetzung weitgehend zu rekonstruieren:

Reiner Gips mit Wasser gibt soßen- oder breiähnliche Zubereitungen, die vor dem Aushärten nicht körnig gemacht werden können. Dafür müssen sie nach dem Aushärten gebrochen und gesiebt werden. Es werden Schüttgewichte von 900 bis 1000 g/l, unter den Bedingungen der Herstellung von Leichtgips auch deutlich niedrigere Schüttgewichte, erreicht. Abgebundener und getrockneter Gips saugt etwa

30 g Wasser pro 100 g auf, Leichtgips mehr. Setzt man Gips mit vorher bereitetem Wasser-Stärke-Gel an, dann werden diese Aufsaugwerte etwas günstiger aber bei weitem noch nicht befriedigend. Reines Kieselgur hat die Nachteile wie sie für den Trägerstoff für Zyklon B der Jahre 1922 – 25 oben beschrieben wurden, eignet sich also auch nicht für einen guten Trägerstoff. Zubereitungen aus Kieselgur alleine härten nicht aus wie Gips. Ansätze von Kieselgur mit Wasser geben keine soßen- oder breiähnlichen sondern brüchige und krümelige Zubereitungen. Schon aus diesen Betrachtungen der reinen Einsatzstoffe Gips und Kieselgur geht hervor, dass Mischungen nach geeigneter Rezeptur möglicherweise zu einem gewissen Optimum der für einen Trägerstoff geforderten Eigenschaften führen könnten. Nachstehend beschriebene Versuche zeigen dies.

Setzt man trockene Vormischungen unterschiedlicher Zusammensetzung aus Kieselgur und Gips mit Wasser einerseits und mit einem vorher bereiteten Wasser/Stärkegel-Gemisch andererseits an, so stellt man fest, dass Wasser/Stärkegel günstiger ist, weil das Kneten leichter und schonender geht als mit Wasser allein. Ein Wasser/Stärkegel, das durch kurzes Erhitzen von 100 g Wasser mit 6 g Stärke hergestellt wurde, eignet sich gut dafür. Vergleicht man Kartoffelstärke mit Maisstärke, so stellt man fest, dass man mit Stärkegel aus Maisstärke bessere Versuchs-Trägerstoffe erhält als mit Kartoffelstärke. (Geringeres Schüttgewicht, besseres Aufsaugvermögen). Deshalb ist anzunehmen, dass zur Herstellung von Trägerstoff für Zyklon B Maisstärke verwendet worden ist.

Systematische Versuche, wie sie in Tabelle 2 zusammengefasst sind, führen zu einer Rezeptur, die vermutlich sehr nahe an der Rezeptur liegt, die zur Herstellung einer Trägerstoffes für Zyklon B zwischen etwa 1931 und 1945 benutzt wurde. Für die hier beschriebenen Versuche wurden folgende Produkte verwendet: Gips: Modellgips, Firma Hilliges Gipswerk, 37250 Osterode; Kieselgur: Sorte FP 3 (Produkt aus USA), Firma United Minerals, 29633 Munster; Maisstärke: Produkt Maizena, Firma Maizena, 74074 Heilbronn. Stärkegel wurde aus 100 g Wasser und 6 g Stärke durch kurzes Erhitzen hergestellt. Gips und Kieselgur wurden in unterschiedlichen Verhältnissen trocken vorgemischt. Die Gips/Kieselgur-Vormischungen mit abgekühltem Stärkegel homogen vermischt. Dieses Mischen ist ein Vorgang wie das Kneten eines Teiges. Nach diesem Kneten wird das feinkrümelige feuchte Produkt durch ein Granuliersieb der Maschenweite 1,1 mm gesiebt. Die in der folgenden Tabelle angegebenen Gutkornausbeuten sind die Mengen des gesiebten Produktes, die nach dem Trocknen ausgewogen wurden.

Tabelle 2   Zusammensetzung und Eigenschaften von Versuchsprodukten aus Maisstärkegel und Gips/Kieselgur-Vormischungen.

Versuchsmischung Nr.   1   2   3   *4*   5   6

Einsatzstoffe   Einsatzmengen in g

	1	2	3	*4*	5	6
Gips (Modellgips)	26,3	31,9	37,2	*42,3*	52,8	63,5
Kieselgur FP 3	66,3	61,7	56,9	*52,3*	47,2	33,0
Wasser ⎤ als Maisstärke ⎦ Gel	123,0 7,4	115,0 6,4	106,0 5,9	*97,0* *5,4*	81,0 4,5	63,0 3,5

Mischen, Granulieren, Trocknen, dann Bestimmung der Eigenschaften

Tabelle 2 – Fortsetzung
Eigenschaften

	1	2	3	*4*	5	6
Gutkornausbeute g	105	105	105	*104*	103	101
Gutkornausbeute %[1]	98	97	96	*94*	91	87
Korngröße mm Staubneigung	stark	stark	0,1 – 0,9 mäßig	*mäßig*	mäßig	mäßig
Schüttgewicht g/l	280	300	320	*330*	340	370
Wasseraufn. g/100 g	150	140	130	*130*	120	90

[1] Bezogen auf eingesetzte trockene Feststoffe Gips, Kieselgur, Maisstärke + Kristallwasser des Gipses nach dem Abbinden.

Die Eigenschaften der Versuchsmischungen Nr. 3, 4 und 5 entsprechen weitgehend denen, die für den Trägerstoff für Zyklon B des Zeitraumes 1931 – 45 beschrieben wurden: Herstellung über Granuliersiebe, hohe Gutkornausbeuten, eines sandförmigen Produktes, Korngröße 0,1 – 0,9 mm, Schüttgewicht ca. 330 g/l, Wasseraufsaugung (gilt weitgehend auch für Blausäureaufsaugung) mehr als 100 g/100 g, Zusammensetzung aus Gips, Kieselgur und Stärke. Etwas vereinfacht besteht dieser Trägerstoff aus knapp 45% Gips, ca. 50% Kieselgur und 5% Maisstärke, wobei 1931 – 45 anstelle von Kieselgur FP 3 der Firma United Minerals ein entsprechendes Kieselgur aus der Lagerstätte Klieken (zwischen Coswig und Dessau) wahrscheinlich Kieselgur K 150 oder aus einer Lagerstätte bei Munster (Lüneburger Heide) und anstelle des verwendeten Gipses aus Osterode wahrscheinlich ein ähnlicher Gips des Werkes Rottleberode im Harz verwendet wurde. Versuchsmischung 4 kommt dem 1931 – 45 verwendeten Trägerstoff wahrscheinlich am nächsten.

In einem Artikel im Jahr 1942 der Zeitschrift für hygienische Zoologie schreibt R. Irmscher, Direktor der Firma DEGESCH, der in einem FIAT-Bericht als Interviewter genannt wurde: „Als Aufsaugmaterial wurden in einem Fall Pappscheiben, im anderen Fall Ercowürfel (hochporöses Gipsmaterial), also die beiden in der Praxis der Blausäuredurchgasung meistüblichen Trägermaterialien angewandt" **94)**. Auch dies stützt die Annahme, dass es sich um eine Gips/Kieselgurmischung gehandelt hat, deren genaue Zusammensetzung zur Sicherung und Bewahrung von Konkurrenzvorteilen und Know-How nicht angegeben wurde.

Ein Trägerstoff aus Gips/Kieselgur war damals nahe liegend, weil aus solchen Stoffen in großem Umfang Wärmeschutzmassen und Wärmedämmartikel hergestellt wurden, die sich vom Material her auch zur Aufsaugung von Flüssigkeiten eigneten. Es gab viele Patente, die sich mit der Herstellung von Leichtgips zur Wärmeisolierung, als Schalldämmstoffe und zur Adsorption von Flüssigkeiten beschäftigten. Patente aus Frankreich, USA und Canada behandelten vor allem die Herstellung von Schalldämmstoffen aus Gips und Gipsmischungen mit Schaumbildnern **95), 96), 97)**. Die Firma Reinhold & Co Vereinigte Kieselguhr- und Korkstein-Gesellschaft, Berlin SW 61, Belle Alliance Platz 13, (Reinhold & Co), mit den Lieferwerken Hansa Werk AG Abt. Coswig-Anhalt, Coswig-Anhalt; Korksteinfabrik C. & E. Mahla GmbH, Nürnberg/Lauf; Korksteinwerk GmbH Brand-Erbisdorf/Sa und Suberit-Fabrik AG, Mannheim-Rheinau, besaß die Patente DRP Nr. 499316 und Nr. 354426 **98), 99)**. Das erste Patent betraf die Herstellung von Wärmeschutzmassen. Daraus wurden vor allem für Heizungsleitungen Isolierrohre und Isolierrohr-Halbschalen und plastisch formbare Isoliermassen hergestellt, die nach Anbringen mit Textilband umwickelt wurden. Handelsbezeichnungen dieser Artikel der Firma Reinhold & Co lauteten in den zwanziger Jahren „Lambda-Material", „Lambda-Artikel" usw. Das Material bestand wahrscheinlich überwiegend aus Gips und aus Zusätzen von gelöschtem Kalk und Wasserglas. Zur Herstellung von Fertigartikeln wurden Asbestfasern oder bei direkt anzubringenden Wärmeschutzmassen Schweineborsten zugesetzt. Zunächst wurden die Materialien zu einem sämigen Brei gemischt, dann erfolgte die Formgebung bzw. das Umwickeln mit Textilband. Nach der Trocknung erhielt man verkaufsfähige Produkte.

Später, in den dreißiger Jahren, hießen die Handels- und Produktbezeichnungen dieser Artikel der Firma Rheinhold & Co, „Dia-Material", „Dia-Artikel" wie z. B. „Leichtdia 300", „Dia 350", „Dia-Gries grob", „gebranntes Dia-Material".

In den späten dreißiger und in den vierziger Jahren wurden die weitgehend optimierten Trägerstoffe für Zyklon B aus Gips/Kieselgur/Maisstärke mit „Erco" bezeichnet. Diese Produkte wurden nach Erkenntnis des Verfassers von der Firma Reinhold & Co, Lieferwerk Coswig-Anhalt hergestellt und an die Zuckerfabrik Dessau geliefert.

Das zweite Patent der Firma Reinhold & Co betraf Adsorptionsmittel aus Gips. Es beanspruchte die Verwendung von porösem Gips zur Aufsaugung von Flüssigkeiten. Die Beimischung von Kieselgur ist grundsätzlich enthalten, aber nicht ausdrücklich erwähnt.

Es gab noch eine ganz andere Art von Trägerstoff, die „discoids", „discs", „Zyklon-discoids" oder „HCN-discs". Das waren runde, innen gelochte Scheiben aus Zellulose-Weichfasern, sehr ähnlich den bekannten Bierdeckeln. Diese Scheiben wurden auch mit Blausäure getränkt und in Blechbüchsen verpackt. Zyklon discoids wurden für den Export, vor allem nach USA, hergestellt. Sie wurden hauptsächlich zu Schiffs-begasungen verwendet. Deshalb enthielten die Standarddosen 454 g (1 pound) und 1134 g (2,5 pound). Die ersten Sendungen von Zyklon discoids

(vermutlich 1930 bis 1931) in die USA enthielten dickere Scheiben, die aus Weichpapierfasern (wie Bierdeckel) hergestellt waren. Die weiteren Sendungen (ab etwa Mitte 1931) enthielten dünnere Scheiben aus Weichholzfasern spezieller Herstellung. Sie konnten etwa das 2,5-fache des Eigengewichtes an flüssiger Blausäure aufnehmen. In der „Quarantänestation" des New-Yorker Hafens wurden Zyklon B und Zyklon discoids ausführlich getestet. Aus diesen Tests geht hervor, dass sich Zyklon B und Zyklon discoids in der Anwendung mit einer Ausnahme praktisch nicht unterscheiden: Die Verdampfung von Blausäure aus den Zyklon discoids geht etwas langsamer als aus Zyklon B. Vor allem wird der Geruchswarnstoff (damals 5% Chlorpikrin) länger festgehalten als in Zyklon B. Ingesamt werden die beiden Produkte aber als praktisch
gleich bezeichnet. Die hier wiedergegebenen Einzelheiten sind Veröffentlichungen des amerikanischen Public Health Service entnommen **100), 101)**. Als Vorteil der Zyklon discoids wird angesehen, dass man mit den einzelnen discoids sehr genau kleine Mengen an Blausäure dosieren kann, was bei Schiffsbegasungen für kleine Einzelräume wichtig ist. Als Nachteil gilt, dass die Dosendeckel rundum sehr sauber geöffnet werden müssen, da die discoids sonst nicht leicht herausfallen. Nach 1931 werden discoids außer in der bereits erwähnten Veröffentlichung von G. Peters **102)** praktisch nicht mehr erwähnt. Deshalb ist es wahrscheinlich, dass das Produkt sich seitdem nicht weiter geändert hat.

Kapitel 6 b   Das Blausäure-Wirkstoffgemisch

In Kapitel 3 wurde erwähnt, dass das Blausäure-Wirkstoffgemisch aus Blausäure, Verunreinigungen, Geruchswarnstoff und Stabilisatoren kompliziert und zu unterschiedlichen Zeiten unterschiedlich zusammengesetzt war. In diesem Kapitel werden Einzelheiten berichtet. Vor allem werden hier die häufigen Änderungen der Geruchswarnstoffe und der Blausäurestabilisatoren festgehalten. Dagegen wird für die Nebenbestandteile oder Verunreinigungen der Blausäure selbst, die produktionsbedingt sind, angenommen, dass die 1930 berichteten Nebenbestandteile für den ganzen Zeitraum 1922 – 1945 gelten. Angegeben sind 1% Benzonitril, 1% Acetonitril, Naphtalin **17)**. Da es wahrscheinlich auch Verbesserungen in der Produktion gab, wird angenommen, dass im Durchschnitt der Jahre 1922 – 45 0,5% Benzonitril, 0,5% Acetonitril, 0,1% Naphtalin, 0,5% Wasser und 0,4% sonstige Bestandteile; also insgesamt 2% Verunreinigungen in der Blausäure enthalten waren. Dies dürfte mit der Realität weitgehend übereinstimmen.

Der Geruchswarnstoff sollte wie ein Tränengas Nase und Augen reizen und dadurch auf die hochgiftige, schlecht zu riechende Blausäure aufmerksam machen und das Betreten von Räumen unter Blausäuregas verhindern. Das Prinzip ist das gleiche wie die Beimischung übel riechender Stoffe zum Stadtgas. Der Stabilisator – ein weiterer Zusatz – sollte Alkalireserven im Trägerstoff und in der Blausäure selbst neutralisieren und so vor der Selbstzersetzung der Blausäure schützen. Bei aufgesaugter Blausäure gab es keine Explosionsgefahr durch Selbstzersetzung wie bei flüssiger Blausäure, aber bei ungenügender Stabilisierung von Trägerstoff und/oder Blausäure kam es auch bei aufgesaugter Blausäure zu Selbstzersetzungen, die sich in brauner bis schwarzer Verfärbung zeigten.

Wie in Kapitel 3 dargelegt, bestanden 100 g des ersten Blausäurewirkstoffgemisches wahrscheinlich aus ungefähr 93,6 g Blausäure, 4 g Chlorameisensäuremethylester, 2 g Verunreinigungen und 0,4 g Schwefelsäure. Chlorameisensäuremethylester wirkte zugleich als Geruchswarnstoff und Stabilisator; Schwefelsäure war zusätzlich als Stabilisator eingesetzt.

Von Anfang des Produktes Zyklon B an gab es zahlreiche Patentschriften über Blausäure-Stabilisatoren. Patentiert wurden z. B. die Säurebehandlung von Trägerstoffen 103), Säure abspaltende Stoffe 104), 105), organische Säuren 106), 107), 108). Eine besondere Bedeutung hat Oxalsäure, weil sie schon in sehr geringen Mengen Blausäure gut stabilisiert 109). Die meisten dieser Patente stammen von Degussa, Frankfurt.

In der Anfangszeit von Zyklon B gab es auch mehrere Patente über Geruchswarnstoffe. Es waren Patente über Geruchswarnstoffe, die Säure abspalten konnten und so zugleich Stabilisatoren waren 110), über Bromcyan, Chlorcyan als „Vorwarner" und Chlorpikrin, Bromacetophenon als „Nachwarner"; über Bromessigsäuremethylester usw.111), Chlorpikrin 112), Chlorzyan 113) und Bromacetophenon als Vor- und Nachwarner 114).

Allein die Zahl dieser Patente zeigt, dass es für Stabilisatoren und Geruchswarnstoffe für Blausäure keine einfache, eindeutige Lösung gibt. Dies ist auch einer der Gründe dafür, dass Zyklon B in diesen beiden Zusätzen besonders häufig geändert wurde.

Rechtlich gab es einen großen Unterschied zwischen dem Stabilisator für Blausäure und dem Geruchswarnstoff: Ein Stabilisator für Zyklon B war zwingend vorgeschrieben: „Die Blausäure muss durch einen von der Chemisch-Technischen Reichsanstalt nach Art und Menge anerkannten Zusatz, der zugleich ein Warnstoff sein kann, beständig gemacht sein." 115)

Für die SS gab es 1941 eine Ausnahmegenehmigung 116), die sich aber nur auf den Teil der geltenden Reichsvorschriften und Ausführungsbestimmungen bezog, der die Anwendung regelte.
Dagegen wurde ein Geruchswarnstoff durch keine geltenden Vorschriften zwingend gefordert 117). In den USA gab es allerdings eine zeitlang Bestrebungen, einen Zusatz eines Geruchswarnstoffes zur Blausäure gesetzlich vorzuschreiben. 118)

Die chemische Stabilisierung der Blausäure fängt beim Trägerstoff an und setzt sich im Blausäure-Wirkstoffgemisch fort: Es gibt Kieselgursorten, die einen höheren und andere Sorten, die einen niedrigen Gehalt an Calciumoxid und Magnesiumoxid haben, also eine höhere oder niedrige Alkalität. Man muss Sorten aussuchen, die möglichst wenig dieser Bestandteile enthalten, oder man muss die Gehalte dieser Stoffe durch Nachbehandlung der Kieselgur (Glühen, mit Säure waschen) senken, bevor man sie als Trägerstoff für Blausäure benutzen kann. Gips ist in der Richtung günstiger, da er praktisch keine Alkalität besitzt.

In der ersten Zeit wurde nur Kieselgur als Trägerstoff benutzt (siehe oben). Nach einem Bericht der Chemisch-Technischen-Reichsanstalt 119) führte das damals verwendete Kieselgur, wenn es nicht stabilisiert war, zur Zersetzung der Blausäure im Zyklon B. Es liegen hier keine schriftlichen Berichte über die Sortenauswahl des verwendeten Kieselgur und die genaue Art und Weise der Vorstabilisierung und

Vorbehandlung der Kieselgur vor. Man kann aber davon ausgehen, dass eine möglichst alkaliarme, wahrscheinlich geglühte Kieselgur in der Zeit 1922 bis etwa 1929 benutzt wurde, weil als Aufsaugvermögen nur etwa 77 g Blausäure auf 100 g Trägerstoff genannt werden, was auf ein höheres Schüttgewicht deutet. Die Blausäure wurde in der Zeit wahrscheinlich durch Zugabe von etwa 0,1 % Schwefelsäure stabilisiert und enthielt den zusätzlich stabilisierenden Geruchswarnstoff Chlorkohlensäuremethylester. Nach 1929 gibt es dann kaum noch Hinweise auf Art und Menge des Stabilisators. Bis etwa 1930 wird als Stabilisator / Geruchswarnstoff Chlorkohlensäuremethylester genannt **121)**. Dazu passt zur zusätzlichen Stabilisierung 0,1 % Schwefelsäure. Ab etwa 1929/30 kam ein neuer Trägerstoff auf, der als solcher schon wegen des Gehalts an Gips weniger alkalisch war. Deshalb konnten andere Stabilisatoren eingesetzt werden. Die spärlichen vorhandenen Hinweise deuten auf 0,2 % Oxalsäure in der Blausäure **119)**, **120)** in Kombination mit einem neuen Geruchswarnstoff Chlorpikrin, der nicht stabilisierend wirkt. (Siehe unten). Auch wenn es in den verfügbaren Schriften keinen ausdrücklichen Hinweis dafür gibt, liegt es nahe, dass in das Anmachwasser – oder Gel für das Gips-Kieselgurgemisch so viel Schwefelsäure gegeben wurde, dass dies 0,1 % der zu adsorbierenden Blausäure entspricht, also auf 100 ml Wasser ca. 0,05 g Schwefelsäure. Eine so kombinierte Stabilisierung ist so sicher, dass Blausäure-zersetzungen ausgeschlossen sind, was durch die Praxiserfahrungen bis 1945 belegt wird.

Als Geruchswarnstoff wurde bis etwa 1929/30 ca. 3 % Chlorkohlensäuremethylester benutzt **121)**, **122)**. Auch innerhalb dieses Zeitraums wurde variiert. So wird auch von einer Kombination von 2 % Chlorameisensäuermethylester und 2 % Bromessigsäure-äthylester berichtet **123)**. Im Jahresbericht der Chemisch-Technischen Reichsanstalt von 1930 wird über Chlorcyan als Geruchswarnstoff berichtet **17)**. Nach den weiteren Veröffentlichungen wurde das Produkt bald wieder fallen gelassen. Auch ein „Zyklon C" mit 10 % Chlorpikrin scheint Versuchsprodukt gewesen zu sein **124)**.

1929 wurde der Trägerstoff auf Gips und dann auf Gips/Kieselgur umgestellt (s.o.). Zur gleichen Zeit wurde auch ein anderer Stabilisator eingesetzt (s.o.), und es wurde der Geruchswarnstoff geändert. Von 1930 an taucht mehrmals die Angabe 5 % Chlorpikrin als Geruchswarnstoff auf **125)**, **126)**, **127)**, **128)**. Ab 1943 wird über Bromessigsäuremethylester als Geruchswarnstoff berichtet **129)**, **130)**. 1943 wird auch berichtet „bei einer Nachfrage bei der Firma Degesch in Frankfurt a.M., in welchem Umfang Reizstoff zur Blausäure zugesetzt wird, gab diese an, dass der Reizstoffzusatz nicht immer 2 % betrage, sondern dieser von den jeweiligen Vorräten abhänge" **131)**. Die Menge des Warn- bzw. Reizstoffes bei der Herstellung von Zyklon B wurde im Laufe des Krieges immer mehr herabgesetzt; 1943 verzichtete man teilweise ganz auf ihn, da er gesetzlich nicht vorgesehen war **132)**. Teilweise wurde versucht anstelle von Bromessigsäureestern, die Mangelware waren, früher verwendete Reizstoffe wie Chlorkohlensäureäthylester und Cyanameisensäure-methylester einzusetzen **133)**.

Lieferungen von Zyklon B ohne Geruchswarnstoff gab es aber im Handel schon viel früher, wie aus einem Bericht der Zeitschrift für hygienische Zoologie des Jahres 1941 über einen Vorgang im Jahre 1924 zu entnehmen ist **134)**. Nach Kenntnis des Autors kam häufiger vor, dass die ausführenden Desinfektoren im direkten Kontakt mit der Produktionsstätte in Dessau Einzelheiten konkreter Lieferungen, z. B. die Lieferung einer Partie Zyklon B ohne Geruchswarnstoff auf dem direkten Dienstweg vereinbarten.

Als Abschluss der Erläuterung über Geruchswarnstoffe für Zyklon B wird auf zusammenfassende Informationen über die wichtigsten Geruchswarnstoffe, Bromessigsäuremethylester, Chlorcyan, Chlorkohlensäuremethylester, Chlorpikrin und Bromcyan hingewiesen **135)**.

In der nachstehenden Tabelle 3 wird versucht, aus der oben referierten wissenschaftlichen Fachliteratur zu rekonstruieren, welcher Geruchswarnstoff in welcher Menge zu unterschiedlichen Zeiten für Zyklon B verwendet wurde.

Tabelle 3   Geruchswarnstoff für Zyklon B 1922 – 1945 Rekonstruktion

Zeitraum circa	Geruchswarnstoff	Gehalt bezogen auf Blausäure in %
1922 – 1929	Chlorkohlensäuremethylester Versuchsweise Chlorcyan	3 – 4 % 3 – 5 %
1930 – 1942	Chlorpikrin Versuchsweise Chlorpikrin (ca. 3 %) Versuchsweise Bromessigsäure- methylester (1 – 2 %)	ca. 5 % gesamt ca. 5 %
1942 – 1945	Bromessigsäureäthylester Bei Materialknappheit: kein Geruchswarnstoff	2 – 3 %

Kapitel 6 c   Die Blechdosen

In der Einleitung wurde bereits erwähnt, dass Zyklon B in Blechdosen verpackt wurde. Im Detail gab es Besonderheiten, die sich u.a. in zwei Patenten der DEGESCH zum Aufbewahren und Transportieren von Zyklon B in Blechdosen niederschlugen **136)**, **137)**. Das erste Patent betrifft technische Maßnahmen beim Abfüllen zur Verringerung des Innendruckes nach dem Schließen, das zweite betrifft eine Auskleidung von Blechdosen und Deckel mit Chlorkautschuk, um dadurch die Gasdichtigkeit zu erhöhen und die Dosen korrosionsfester gegen den enthaltenen Geruchswarnstoff Chlorpikrin zu machen.

„Die Blechdosen, die als Behälter für Zyklon B dienen, sind genau nach Art von Konservendosen durch einfaches Umbördeln der Böden und Deckel unter Zwischenschaltung einer dünnen Gummidichtung abgedichtet." Schreibt G. Peters in einer zusammenfassenden Schrift 1933 **138)**. Er fährt fort, Gummimaterial und Blechstärke seien anders als bei normalen Konservendosen. Die Blechstärke betrage 0,4 mm, was den Dosenverschluss erschwere, die geforderte Gasdichtigkeit aber sicherstelle. Man entnimmt den weiteren Ausführungen von G. Peters, dass am Anfang normales Gummimaterial (Naturkautschuk?) und ab etwa 1932 „ein besonderer Innenüberzug" (chlorierter Naturkautschuk?) verwendet wurde, der dann die anfänglichen Dichtungsschwierigkeiten (hervorgerufen durch den Geruchswarnstoff Chlorpikrin) beseitigte. Wahrscheinlich gab es beim Herstellen und Verschließen der Dosen im Laufe der Zeit auch Weiterentwicklungen und Änderungen. So ist von verlöteten Dosen in einer Veröffentlichung 1930 die Rede **139)**. Übereinstimmend wird aber berichtet, dass es sich um Weißblechdosen nach Art normaler Konservendosen handelt.

Rückschlüsse auf die Dosengröße lassen sich ziehen aus den Angaben über enthaltene Mengen an Zyklon B. Diese Angaben sind unterschiedlich und zum Teil widersprüchlich. 1928 werden in einer deutschen Veröffentlichung Dosen mit 200, 500, 1000 und 1200 g Zykan (CN) genannt **140)**. Im gleichen Jahr stehen in einer US-Veröffentlichung Angaben über Zyan-Doseninhalte von 20, 100, 500, 1000 und 1200 g **141)**. In dieser Veröffentlichung werden Gesamtdosengewichte von 200 g für die 20 g Zyanid-Dose, 400 g für die 100 g Zyanid-Dose und etwa dem dreifachen des Zyangehaltes für größere Dosen genannt **142)**. Auch Preisangaben für Zyklon B ($/pound 0,90 – 1,00) finden sich hier **143)**. 1930 werden in einer Veröffentlichung Dosen mit Zyanid-Inhalten von 200, 500, 1000, 1200 g genannt **144)**. 1931 nennt eine US-Veröffentlichung Doseninhalte von 15, 120, 480 und 1200 g **145)**. 1931 existieren für Zyklon-Diskoids-Dosen folgende Angaben: Gesamthöhe 20,3 cm, Durchmesser 10,2 cm. Füllung 64 Diskoids, jedes 3,2 mm hoch mit je 7,087 g Zyan beladen, Gesamtgehalt: 1 pound Zyan entsprechend 453,6 g. Gesamtverpackung: 48 Dosen in einer Kiste, jede Dose mit aufgesetzter Pappdeckel-Kappe gegen Berührung geschützt. Ferner wird über neuere größere Zyklon-Diskoids berichtet: Größere Diskoid-Dosen: Gesamthöhe 25,6 cm; Durchmesser 13 cm, Füllung 80 Diskoids, jedes 3,2 mm dick, jeweils mit 14,17 g Zyan beladen. Gesamtgehalt 1134 g oder 40 ounces oder 2,5 pound Zyan. Aus diesen Angaben lassen sich die Dosenaußenmaße abschätzen: 1 Pound-Zyan-Dosen: Höhe ca. 20,5 cm, Durchmesser ca. 11,3 cm; 2,5 Pound-Zyan-Dose: Höhe ca. 26,0 cm, Durchmesser ca. 14,3 cm **146)**. Die Diskoids sind in der Lage das 2,5-fache ihres Eigengewichtes an Blausäure zu binden.

Zyklon B Dosen mit 1,5 und 1,2 kg Zyan spielten für Großdurchgasungen eine besondere Rolle. Deshalb soll versucht werden, die Dosenmaße zu schätzen und die Schätzungen mit genaueren Angaben zu vergleichen. In einer Veröffentlichung aus dem Jahre 1930 sind Dosen vor einer Ziegelmauerwand stehend abgebildet, deren Ziegelreihen aller Wahrscheinlichkeit nach einen Abstand von 7,5 cm haben **147)**. Es stehen dort zwei Dosengrößen mit einer daraus abgeschätzten Höhe von ca. 36 cm und ca. 28 cm. Beide Dosen haben einen geschätzten Durchmesser von ca. 16 cm. Lässt man Unterschiede der Außen- und Innenmaße außer Betracht, so ergeben sich folgende Volumina: Große Dose ca. 7200 cm³, kleinere Dose 5600 cm³. Aus dem Volumenverhältnis ergibt sich, dass die große Dose für 1,5 kg Zyan, die kleinere für 1,2 kg Zyan dimensioniert war. Als Vergleich kann man auch eine Abbildung verschiedener Dosengrößen aus dem Jahr 1933 heranziehen **148)**.

Im August 1944 wurden im KL Majdanek Zyklon B Dosen von einer sowjetisch-polnischen Expertenkommission untersucht **148a)**. Danach haben die 1,5 kg Zyan-Dosen folgende Maße: Höhe 31,5 cm, Durchmesser 15,4 cm, entsprechend einem Volumen von 5700 cm³. Angegeben sind ferner Gesamtdosengewicht verschlossener Dosen (3750 g), Gewicht der Dosen mit Trägerstoff aber ohne

Blausäure (2320 g) und Gewicht der leeren Dosen. Daraus ergibt sich: Blausäure 1430 g (ca. 1500 g), Trägerstoff 1720 g, Schüttgewicht des Trägerstoffes 320 g/l. Diese Angaben entsprechen wahrscheinlich der Realität.

Aus der Veröffentlichung des Jahres 1930 ergab die Schätzung für die 1,5 kg Zyan-Dosen ein Dosenvolumen von 7200 cm³. Nach den Angaben der sowjetisch-polnischen Expertenkommission vom August 1944 hatten die 1,5 kg Zyan-Dosen ein Volumen von 5700 cm³ Dieser Unterschied ist erklärbar: Die Dosen der Veröffentlichung von 1930 stammen von einer Zeit davor. Damals war der Trägerstoff noch nicht optimiert. Die Schüttgewichte waren höher (teilweise 340 – 450 g/l (siehe Kap. 6 a, Tabelle 1). Die Trägerstoffe der damaligen Zeit waren schwerer und saugten weniger Blausäure auf, man brauchte für die gleiche Menge Blausäure mehr Trägerstoff in größerem Volumen.

Der von der gemischt sowjetisch-polnischen Kommission untersuchte Trägerstoff hatte ein Schüttgewicht von 320 g/l und enthielt 1500 g reine Blausäure entsprechend 1603 g Blausäure-Wirkstoffgemisch in 1720 g Trägerstoff. Vermutlich war dieser Trägerstoff ähnlich zusammengesetzt wie die Versuchsmischung 4 der Tabelle 2, Kap. 6 a.

In den letzten Kriegsjahren wurden wegen Materialknappheit die Dosen teilweise wieder verwendet. Dazu wurde der Rand der leeren Dosen abgeschnitten, und die Dosen wurden neu verschlossen. Dies führte zu etwas verkürzten Dosen und auch zu etwas reduziertem Blausäureinhalt.

Zum Öffnen der Dosen wurden verschiedene einfache und effiziente Methoden benutzt. Im einfachsten Fall diente dazu ein Hammer mit einem Schneidenaufsatz, mit dem man mit einem Hammerschlag eine 3,8 cm große Öffnung in die Dosen schlagen konnte. Dosen mit einem Inhalt von 1200 g Zyan mit zwei solchen Öffnungen konnten in 15 – 20 Sekunden entleert werden **149)**. Ähnlich funktioniert das Öffnen mit Hilfe einer mit etwa 10 Zähnen versehenen Öffnungsschere. Man setzt sie auf die Dose und haut mit einem oder mehreren Hammerschlägen einen Kranz von etwa 10 Löchern in den Dosendeckel **150)**.

Vorbereitung zu einer Raumdurchgasung

Abb. 13   Quellenverzeichnis **150)**

Für eine größere Anzahl von Dosen wurden zum Öffnen Vorrichtungen verwendet, mit denen man durch einfaches Herunterdrücken eines Hebels sehr schnell eine Dose öffnen konnte **151), 152)**.

„Zyklon-Dosen werden außerhalb des zu entwesenden Gebäudes geöffnet und mit Gummikappen versehen. Für diese Arbeit im Freien genügt das m. E.-Gerät der Gesellschaft (Mundstück mit Einsatz, Nase eingeklemmt."

Abb. 14   Quellenverzeichnis **151), 152)**

In einer halben Stunde konnte man damit 100 Büchsen öffnen **152)**.

Bei der Verwendung in Kreislauf-Entwesungskammern **153), 154)** werden die Dosen in eine Vorrichtung, die in der Gasleitung eingebaut ist – sogen. Zyklongeneratoren – eingelegt. Dann werden die eingelegten Dosen durch Drehen einer von außen zu bedienenden Kurbel perforiert **155), 156), 157), 158)**. Dies geschieht im geschlossenen System, so dass für den Bedienenden keinerlei Vergiftungsgefahr besteht. Die Blausäure wird dann nach Einschalten der Umluft mit dem hindurch gehenden Luftstrom ausgetrieben **159)**.

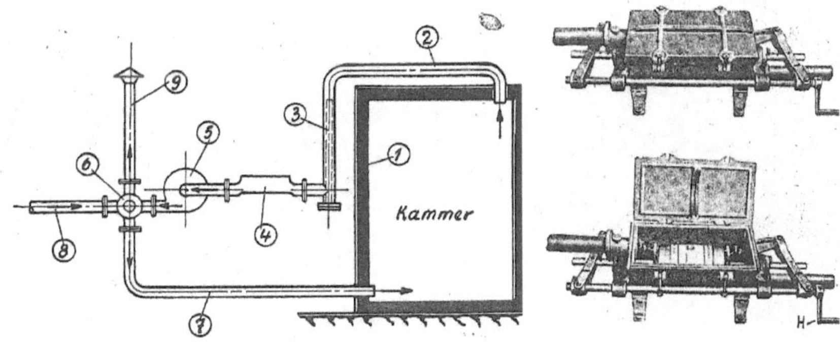

Abb. 15   *Kreislauf-Entwesungskammer (für Zyklon)*

1 Gasdichte Kammer
2 Ansaugleitung
3 Heizpatrone (nicht
  unbedingt erforderlich)
4 Zyklongenerator („Vergaser")

5 Ventilator bzw. Gebläse
6 Vierwegehahn
7 Druckleitung
8 Frischluft-Ansaugstelle
9 Ausblasleitung für Lüftung

Quellenverzeichnis **153)**

Abb. 17 *Zyklongenerator*

oben: geschlossen
unten: geöffnet mit Dose

Quellenverzeichnis **154)**

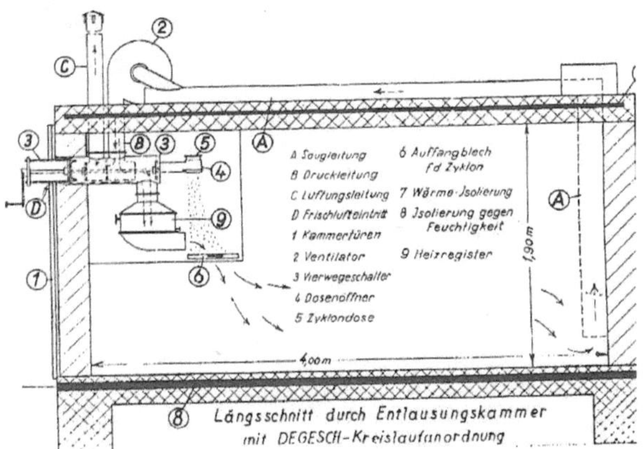

Abb. 16 *Längsschnitt durch eine Entlausungskammer*
        mit Kreislaufeinrichtung (Vergl. Beschreibung
        der Arbeitsweise im Text)

Quellenverzeichnis **154)**

Abb. 18 *Zyklongenerator*
Einfachere Konstruktion,
ebenfalls für den Einbau in
eine   Kreislaufleitung
bestimmt   (daneben
entgaste Zyklon-dosen)
Quellenverzeichnis **155)**

Die Abbildungen 15, 16 und 21 stellen Rohrleitungsinstallationen von Kreislauf-Entwesungskammern dar. Die Abbildungen 17, 18, 19, 20, 21, 23 und 24 zeigen Details der sogenannten Zyklongeneratoren.

Ein neues Verfahren zur Kammerdurchgasung

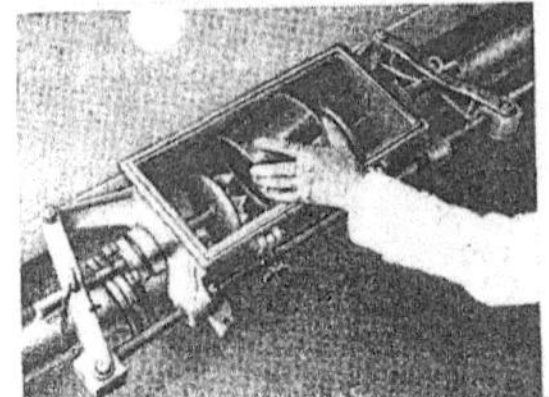 

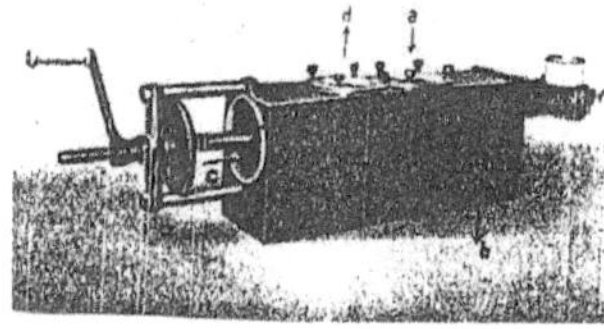

Beschickung und Entleerung des in Abb. dargestellten Zyklon-Vergasers.

Abb. 19   Quellenverzeichnis **156)**

Vierwegeschalter für kleinere Kammern mit eingebautem automatischen Dosenöffner.

Abb. 20   Quellenverzeichnis **157)**

Fahrbares Gerät zur Entgasung von Zyklondosen mit Kreislaufanordnung.

Abb. 21   Quellenverzeichnis **158)**

Abb. 22   Quellenverzeichnis **159)**

Links: Transportwagen, Tragfähigkeit ca. 15 Monturen. Je zwei solcher
Wagen

                werden hintereinander in eine Zelle geschoben, um den 10 cbm-Raum
                zu füllen.
Rechts: Anordnung der Kreislaufgeräte in der Zelle (die Nummern entsprechen
                den Hinweisen in Abb. 2; außerdem H = Handrad zur Betätigung des
                Vierwegeschalters und Dosenöffners von außen. V = Dampfventil für
                das Heizaggregat).

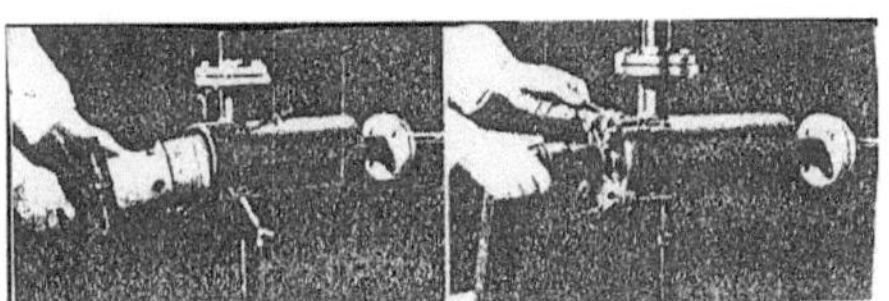

Einsetzen der Giftgasdose in einen Vergaser, der anschließend
gasdicht verschlossen und von der Umwälzluft durchströmt wird.

Abb. 23   Quellenverzeichnis **160)**

Die beiden Zyklonvergaser im Apparateraum im
Nebenschluss der Kreislaufleitung

Abb. 24   Quellenverzeichnis **161)**

Obige Angaben über die Dosen werden in den nachstehenden Tabellen 4 und 5
zusammengefasst.

Tabelle 4   Dosen für Zyklon B, Mantel gelötet, Deckel gefalzt. Rekonstruktion

Angaben zu den Dosen

Zeit-raum circa	Material	Beschichtung innen	Außenmaße cm [1] 1200 g CN 1000 g CN	Weitere Dosengrößen g CN
1922 - 1930	Weißblech 0,4 mm	Naturkautschuk (NK)		
1930 - 1933	Weißblech 0,4 mm	Chlorierter NK, andere Beschichtung?	1500 g CN 1200 g CN H: ca. 36 ca. 28 Ø: ca. 16 ca. 16	20, 100, 500, 1000 (15, 120, 480?)
1933 - 1945	Weißblech 0,4 mm Möglicher-Weise 0,2 mm	wahrscheinlich keine Innen-beschichtung	H: 31,5 Ø: 15,4	20, 100, 500, 1000

Tabelle 5   Dosen für Zyklon-Discoids, Mantel gelötet, Deckel gefalzt.

Angaben zu den Dosen

Zeitraum circa	Material	Beschichtung	Außenmaße cm [1] 1 pound 2,5 pound CN	
1928-30	Weißblech 0,4 mm	nichts bekannt	H: ca. 20,3 ca. 26,0	Ø: ca. 10,2 ca. 14,3
1930-45	Weißblech Schwarzblech 0,4 mm	nichts bekannt	H: ca. 20,3 ca. 26,0	Ø: ca. 10,2 ca. 14,3

[1] H: Höhe der Dosen
Ø: Durchmesser der Dosen

Kapitel 6 d   Transportvorschriften und Gesamtverpackung

Die Gesamtverpackung umfasst alles, was erforderlich ist, um ein verkaufs- und versandfertiges Gebinde zusammenzustellen. Bei Zyklon B werden mehrere Dosen in einer Kiste zusammengestellt. Kriterien sind dafür die gültigen Transportvorschriften. Maßgeblich ist 1993 eine Verordnung über die Beförderung gefährlicher Güter mit der Eisenbahn. (Gefahrgutverordnung Eisenbahn – GGVE) vom 22.09.1985 mit Änderungen 1986, 87, 90, 93 **162)**. (Siehe auch die entsprechende Gefahrgutverordnung Straße **163)**.

Blausäure ist in der Gefahrgutklasse 6.1.
Hierzu heißt es unter Randnummer 603 der GGVE: „Blausäure der Ziffer 1 muss verpackt sein:
a)   Wenn sie durch eine inerte poröse Masse völlig aufgesaugt ist, in starken Metallgefäßen mit höchstens 7,5 l Fassungsraum, so eingesetzt in Holzkisten, dass sie einander nicht berühren können. Eine solche zusammengesetzte Verpackung muss folgende Bedingung erfüllen:
1. Die Gefäße müssen mit einem Druck von 0,6 MPa (6 bar Überdruck) geprüft sein.
2. Die Gefäße müssen von der porösen Masse vollständig ausgefüllt sein. Die poröse Masse darf auch bei längerem Gebrauch, bei Erschütterungen und selbst bei Temperaturen bis zu 50° C nicht zusammensinken oder gefährliche Hohlräume bilden. Auf dem Deckel jedes Gefäßes ist das Fülldatum dauerhaft anzugeben.
3. Die zusammengesetzte Verpackung muss nach Anhang V für die Verpackungsgruppe I geprüft und zugelassen sein. Ein Versandstück darf nicht schwerer als 120 kg sein."

Anhang V sind komplizierte Detailvorschriften über die Art der Verpackung und die Anforderungen an die Verpackung, die Kennzeichnung, die Prüfung der Gesamtverpackung usw.. Wesentliche Details draus für Blausäure / Zyklon B sind:
- Die Blechdosen (Innenverpackung) werden mit Abstandshaltern in einer Holzkiste als Außenverpackung verpackt.
- Die Holzkiste trägt die Kennzeichnung RID / ADR / OAI / 4C X / S / 98

Erläuterungen:
RID / ARD: Abkürzung für Internationales Eisenbahntransportabkommen (RID)
und Internationales Straßentransportabkommen (ADR)
OAI: Kurzzeichen für Innenverpackung Feinstblech nicht abnehmbarer Deckel.
4C: Kurzzeichen für Außenverpackung Holzkiste
X: Kurzzeichen für sehr giftigen Stoff, Verpackungsgruppe I.
S: Kurzzeichen für Innenverpackung
98: Jahr der Herstellung.

- Prüfung der Gesamtverpackung: Aus 1,8 m Höhe jeweils fünf Mal folgende
  Fallversuche auf feste Prallplatte:
  Flach auf den Boden
  Flach auf Oberteil
  Flach auf eine Längsseite
  Flach auf eine Querseite
  Auf eine Ecke

Nach dem Fallversuch muss die Gesamtverpackung noch sicher transportfähig sein,
alle einzelnen Dosen müssen beim 1,75-fachen des Blausäuredruckes bei 50° C
dicht sein und einen Stapeldrucktest bestehen.

Ein Prüfbericht wird bei der zuständigen Behörde aufbewahrt. Geprüft wird heute z.
B. bei der Bundesanstalt für Materialprüfung in Berlin.

Vor 1945 war die Chemisch-Technische-Reichsanstalt in Berlin zuständig.

Die Beförderungsrichtlinien der Bahn waren damals in allen wichtigen Punkten
gleich. Im entsprechenden Dokument von 1938, Randnummer 403 **156)**:

Prüfdruck 6 bar bei 50° C
Gefäße müssen mit poröser Masse vollständig gefüllt sein
Fülldatum muss auf dem Deckel eingeprägt sein
Versandkisten-Wandstärke mindestens 18 mm
Keine Berührung der Büchsen
Insgesamt nicht mehr als 120 l Fassungsvermögen der Büchsen,
Gesamtgewicht einer Kiste max. 120 kg.

In dem EVO-Dokument von 1938 finden sich die Detailangaben über notwendige
Gefahrzettel auf S. 55 und 56 unter den Randnummern 420, 422, 423, 424, 426
sowie auf S. 74 und 75 des Anhangs II **164)**.
Danach müssen Zettel der Größe 148 x 210 mm, mindestens 74 x 105 mm mit
einem Totenkopfsymbol auf den Kisten und an beiden Seiten der Eisenbahnwagons
angebracht werden.

Auf dem Frachtbrief muss kursiv und rot unterstrichen stehen:
„Blausäure mit höchstens 3% Wasser, völlig aufgesaugt durch eine poröse Masse";
ferner „Getrennt von Nahrungs- und Genussmitteln lagern" und „Beschaffenheit und
Verpackung entsprechen den Vorschriften der Anlage C zur EVO".

Der letzte Satz auf dem Frachtbrief bedeutet die Bestätigung, dass diese Vorschrift
erfüllt ist, wonach die Blausäure einen geeigneten Stabilisator enthalten muss.
(Randnummer 401)

Die Dosen mit 1500 g CN pro Dose hatten vor 1933 einen Durchmesser von ca. 16 cm und eine Höhe von ca. 36 cm. Sie hatten ein Gewicht von etwa 4,5 kg pro Dose und ein Fassungsvermögen von etwa 7,2 l pro Dose (siehe Kapitel 6c). Das Gesamtfassungs-vermögen aller Dosen einer Kiste durfte 120 l nicht überschreiten. Eine Kiste enthielt deshalb vermutlich 16 solcher Dosen. Ordnet man sie in Länge und Breite 4 x 4 Stück an, so ergeben sich ungefähre Außenmaße der Kiste von 80 x 80 x 40 cm, ein Gesamtgewicht von 85 – 90 kg und ein Gesamtfassungsvermögen der 16 Dosen von ca. 115 l.

Bei Dosen mit kleinerem Fassungsvermögen enthielt eine Kiste entsprechend mehr Einzeldosen.

Von Dosen mit je 1 pound CN-Zyklon-Diskoids waren z. B. in einer Kiste 48 Stück verpackt **165)**.

Kapitel 7   Eigenschaften und Handhabung von Zyklon B

Aus den vorangegangenen Abschnitten geht hervor, dass Zyklon B weder flüssig noch kristallin war, sondern dass es sich um ein festes, grießförmiges weißlich bis rötlich-braunes Produkt handelte, bei dem ein Flüssigkeitsgemisch mit Blausäure als Hauptbestandteil und mit Blausäurestabilisatoren, tränengasähnlichen Geruchswarnstoffen und Verunreinigungen aus der Produktion der Blausäure als Nebenbestandteile im grießähnlichen Trägerstoff gebunden war, ähnlich wie Wasser, das in Löschpapier aufgesaugt ist.

Verpackt war es in einzelnen Blechdosen unterschiedlicher Größe, die weitgehend mit üblichen Konservendosen identisch waren. Die Dosen mussten ein Herstelldatum eingeprägt haben, weil die Verwendung innerhalb eines Jahres vorgeschrieben war. Die auf dem Etikett angegebene Menge bezog sich auf den Inhalt an Cyanid (CN). Für den Versand dienten als Umverpackung mehrerer Dosen feste Holzkisten, in denen die Dosen mit Abstandshaltern fest gepackt waren. Aus Sicherheitsgründen waren die meisten Details, wie Reinheit der Blausäure, Stabilisatorzusatz, Art des Trägerstoffes, Dosen, Etiketten, Umverpackung gesetzlich geregelt oder durch Überprüfung durch die Chemisch-Technische Reichsanstalt überwacht. Nur für wenige Details wie Art und Menge des Geruchswarnstoffes, Dosengrößen (sofern unter 1,5 kg CN) gab es einen Spielraum.

Zur Verwendung als Schädlingsbekämpfungsmittel wurden mit Gasmasken die Dosen geöffnet und das grießförmige Produkt auf Papierunterlagen in dünner Schicht ausgestreut. Dann wurden zur Begasung die betreffenden Räume ca. 24 Stunden oder länger verschlossen gehalten. Dabei trat die Blausäure allmählich aus dem ausgestreuten Produkt aus, je nach den Umständen in ca. ½ Stunde die Hälfte und in ca. 2 Stunden 95 %. Nach der Begasung wurde der fast blausäurefreie Trägerstoff gefahrlos entsorgt, und es musste 10 – 20 Stunden lang gut gelüftet und Gegenstände wie Betten besonders behandelt werden. Dann musste durch einen vorgeschriebenen Blausäure-Restgasnachweis bestätigt werden, dass die Räume wieder gefahrlos betreten werden konnten. Die Befugnis, staatlich geprüfte Desinfektoren dazu auszubilden, dass sie mit Zyklon B umgehen durften, war auf ganz wenige Firmen und Organisationen beschränkt und streng geregelt. Streng geregelt waren auch alle Details der Handhabung **166), 167) 168)**.

Berichte über Unfälle beim Transport von Zyklon B durch Vergiftung mit Blausäure existieren nicht. Über Vergiftungen durch Einatmen von Blausäure beim Umgang mit Zyklon B gibt es mehrere Berichte **169), 170), 171), 172)**. Von besonderem Interesse sind hier drei Berichte, einer über die Vergiftung von etwa 40 Frauen, die 25 Stunden nach Beginn der Entlüftung in einer großen Mühle ihre Arbeit begannen **173)**, ein anderer über eine tödliche Vergiftung eines Desinfektors durch Blausäurevergiftung infolge Aufnahme durch die Haut **174)** und ein dritter, wonach bei einer Schiffsbegasung ein Mann starb und einer schwer vergiftet wurde, weil der verantwortliche Desinfektor die Räume nach zu kurzer Lüftung freigegeben hatte **175)**.

Kapitel 8   Die Produktion

Dr. H. Reichardt und Dr. Julius Bueb in Dessau haben 1894 des erste Patent zur Herstellung von Cyanverbindungen aus Schlempe (Abfallprodukt der Zuckerherstellung) angemeldet **176)**.

Es folgten weitere Patente über einen Ofen zur Gewinnung von Cyanverbindungen **177)**, über die Überführung von Schlempegasen in Cyanverbindungen **178)**, die Herstellung von Cyanverbindungen aus Schlempe **179)**, die Herstellung von Cyanverbindungen aus Verkohlungsgasen **180)**, Herstellung von Cyanverbindungen und Ammoniak durch Überhitzen von Schlempegasen und anderen Gasen **181)**, **182)**. Die Patente bis etwa 1900 waren alle von Julius Bueb in Dessau angemeldet. Ab 1900 bis etwa 1910 ist die „Chemische Fabrik Schlempe", Frankfurt/Main als Erfinder genannt, ab 1910 ist es die Deutsche Gold- und Silber-Scheideanstalt, vorm. Rössler in Frankfurt/Main. Von 1913 bis 1918 gibt es eine Reihe von Patenten, die auf oben genannten Patenten aufbauen und sie verbessern. Erfinder sind jetzt ausländische und deutsche Autoren.

Erfinder, die hier von Bedeutung sind, sind Dr. Franz Muhlert, Göttingen und vor allem die Deutsche Gold- und Silberscheideanstalt, die in der Zeit eine größere Anzahl von Patenten angemeldet hat. Es tauchen jetzt auch Patente auf, die für Zyklon B wichtig sind, z. B. Verfahren um Blausäure haltbarer zu machen, aufzubewahren, werden für Aktivkohle und porige Stoffe wie Kieselgur und Korkpulver beansprucht **183)**, **184)**, **185)**, **186)**, **187)**, **188)**.

In den Patenten der Jahre 1925 werden Verfahren und Chemikalien zum Haltbarmachen von Blausäure beschrieben, die in Kieselgur aufgenommen ist.
Im Jahr 1929 gibt es noch ein Patent der Dessauer Zucker-Raffinerie GmbH **189)**.
Nach 1930 tauchen praktisch keine Patente der oben beschriebenen Art mehr auf. Jetzt beherrschen Patente zur kontinuierlichen Herstellung von Blausäure aus Kohlenwasserstoffen und Ammoniak in der Gasphase bei hohen Temperaturen und mit Katalysatoren das Feld. Aus ihnen sind die heute üblichen großtechnischen Verfahren zur Herstellung von Blausäure hervorgegangen. Blausäure wird noch heute unter anderem als Vorprodukt für die Herstellung von Fasern und von Komplexbildnern (Waschmittel-Bestandteile) verwendet. Als Beispiel sei das Verfahren nach L. Andrussow genannt **190)**.
Am Anfang der zwanziger Jahre waren großtechnische Verfahren zur Herstellung von Blausäure noch nicht praxiserprobt, und die Zuckerraffinerie GmbH Dessau zusammen mit der Chemische Fabrik Schlempe und der Deutsche Gold- und Silberschneideanstalt in Frankfurt hatten eine etwa 25 Jahre währende Tradition von Patenten zur Herstellung von Blausäure und Zyaniden. So ist es nicht weiter erstaunlich, dass 1922 die Produktion von Zyklon B nicht in einem Werk der IG-Farben-Fabriken, sondern in der Zucker-Raffinerie GmbH in Dessau begann.

Im Folgenden soll die Produktion von Blausäure und Zyklon B nach dem Stand 1940 – 1945 in Dessau technisch beschrieben werden, soweit das aufgrund vorhandener Unterlagen und Informationen möglich ist. Zwei Bilder der Fabrik für Blausäure / Zyklon B vor und nach 1945 erleichtern die Rekonstruktion des Verfahrens.
Erstens eine Schrift „Vor 50 Jahren. Der Neuanfang der Desssauer Industrie im Jahre 1945" der Stadt Dessau **191)**, mit einer Fotographie des Teiles der Zuckerraffinerie, in dem vor 1945 Blausäure und Zyklon B hergestellt wurden.

Abb. 25   Zuckerraffinerie Dessau vor 1945, Blick nach Norden   Quellenverzeichnis **191)**

Zweitens eine Fotokopie des gleichen Teiles der Zuckerraffinerie etwa aus dem Jahre
1965 in der Firmenschrift des VEB Gärungschemie Dessau mit dem Titel „100 Jahre Chemie in Dessau".

Abb. 26   Zuckerraffinerie / VEB Gärungschemie ca. 1965, Blick nach Norden

Vergleicht man diese beiden Fotographien, so erkennt man, dass die bauliche Anordnung bis in die meisten Details die gleiche ist. Man erkennt auch Änderungen, z.B. vor 1945 ein größerer Kühlturm älterer Bauart; nach 1945 zwei neuerer Bauart. Daraus ergibt sich der Schluss, dass entweder keine oder kaum Bombenschäden diesen Teil der Fabrik betrafen oder dass er weitgehend originalgetreu wieder aufgebaut wurde. Deshalb kann man weiter schließen, dass das Produktionsverfahren vor 1945 und danach ganz oder weitgehend identisch war.

Nachfolgend wird das Herstellverfahren beschrieben, das 1951 – 1968 für das Nachfolgeprodukt von Zyklon B „Cyanol" praktiziert wurde.

Es handelt sich um glaubhafte technische Angaben der VEB-Gärungschemie, an denen nach Einschätzung des Autors nicht zu zweifeln ist. Soweit dies überprüfbar ist, decken sie sich mit den Angaben in der Patent- und Fachliteratur. Beispielsweise waren die 1951 bis 1968 vorhandenen 12 Cyanisierungsöfen, in denen das Gas auf etwa 800° C erhitzt wurde, weitgehend identisch mit der Ofenkonstruktion wie sie im Patent von Reichardt und Bueb 1895 beschrieben waren **193)**.

Fehldeutungen und Irrtümer können nicht mit letzter Sicherheit ausgeschlossen werden. Der Autor geht aber nach sorgfältigen Recherchen davon aus, dass die nachstehende Beschreibung des Produktionsverfahrens nach 1951 in allen wesentlichen Einzelheiten praktisch vollständig für das Produktionsverfahren vor 1945 gilt.

Das Produktionsverfahren wird im Folgenden durch einzelne Blockschemata veranschaulicht.

Blockschema 1   Entstehung von Dünnschlempe in einer Zuckerfabrik:

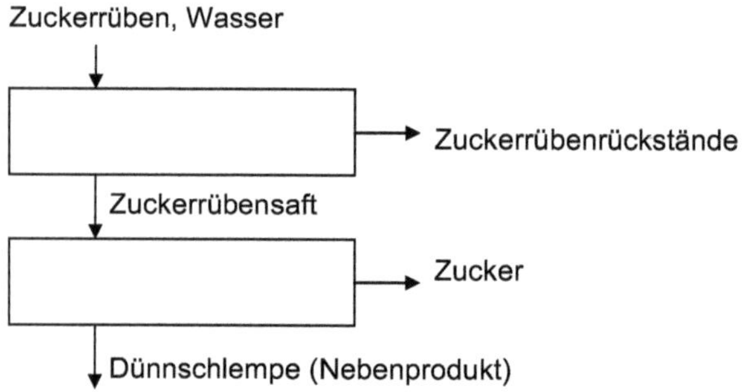

Blockschema 1a   Anfall von Dünnschlempe in der Alkoholproduktion

Das Blockschema 2 zeigt die Umwandlung der Dünnschlempe in Schwelgas und dann in überhitzte „zyanisiertes" Schwelgas, in dem gasförmige Blausäure, Ammoniak und andere gasförmige Produkte wie Kohlenmonoxid und Methan enthalten sind.

Blockschema 2:   Umwandlung von Dünnschlempe in Blausäure

Erläuterung

Dünnschlempe unter 100° C
nach Blockschema 1

| 3-stufiger Robert-Verdampfer |

Wasserverdampfung zum Kon-
Zentrieren der Dünnschlempe in gerade noch pumpbare Dickschlempe. 3 Druckstufen weitgehend energieoptimal.

Teer aus Über-
hitzergas-Auf-
arbeitung
(Blockschema 3)

Dickschlempe unter 100° C

Im Wechsel Aufheizen / Dickschlempeverschwelung werden die Öfen auf ca. 1 200° C aufgeheizt, dann wird an Handventilen der Dickschlempezulauf zu den einzelnen Kammern so eingestellt, dass 1000 l Dickschlempe in ca. ½ h zulaufen. Dabei bildet sich in den Kammern eine sich aufblähende Bodenschicht von 10 – 12 cm. Es entsteht ein sehr schwach HCN-haltiges, weniger gefährliches Schwelgas. Nach Beendigung wird die Schlempekohle mit Eisenkratzern herausgeholt. Der Ofen wird aufgeheizt und dann neu mit Dickschlempe beschickt. In dieser Zeit wird im Wechsel mit den andern Öfen verschwelt. Gsamtzyklus 4 h.

Schwelofen. Vorhanden 12 Öfen mit je 4 Schwelkammern und je einem 1000 l Hochbehälter pro Ofen für Dickschlempe. Gleichzeitiger Betrieb von min. 4 Öfen im 4/4 Wechsel. Reparatur der restlichen Öfen. Größe der Kammer eines Ofens 5 x 3 m. Ofenkonstruktionsmerkmale weitgehend nach Patentschrift DP Nr. 87725 vom 25.10.1894 **161)**. Korund-Auskleidung.

Dickschlempe -
Schwelgas 800° C

| Mäanderförmige Gasleitung Ø 800 mm Kühlung. Ablagerung von Kohlenstoff |

Dickschlempe-
Schwelgas 300° C

Überhitzerofen
Vorhanden 4 Überhitzeröfen mit Steinschichteinbauten auf Lücke gesetzt, so dass der Gasstrom leicht fließt und die Steinmasse als großer Wärmespeicher dient.
Gitter-Schachtöfen wie in Gaswerken üblich.

Das Dickschlempe-Schwelgas wird in **einem** Rohrleitungssystem gesammelt und als ein Gasstrom dem Überhitzer zugeführt, in dem es durch Erhitzen auf 1600° - 1800° C „zyanisiert" wird. Vor dem Schwelgaszutritt wird der Ofen mit einer Koksfeuerung auf ca. 2400° C erhitzt. Das zyanisierte Gas enthält z.B. ca. 7% HCN, 7% NH_3, 12% H_2, 18% CO, 24% CO_2, 24% N_2 **177)**.

zyanisiertes Überhitzer-
gas 1600 – 1800° C

41

Das Verfahren nach Blockschema 3 ist die Aufarbeitung des zyanisierten Überhitzergases. Es ist gekennzeichnet durch Unterdruck in allen gasführenden Teilen, der durch ein großes am Ende stehendes Saug-/Druckgebläse aufrechterhalten wird (Leistung ca. 0,5 MW). Auf diese Weise ist sichergestellt, dass kein blausäurehaltiges Gas austritt. Auf der Druckseite des Gebläses wird der jetzt von NH_3 und HCN gereinigte Gasstrom in den Schwelofen gefördert und dort zur Hitzeerzeugung verbrannt.

Blockschema 3:   Aufarbeitung des zyanisierten Überhitzergases

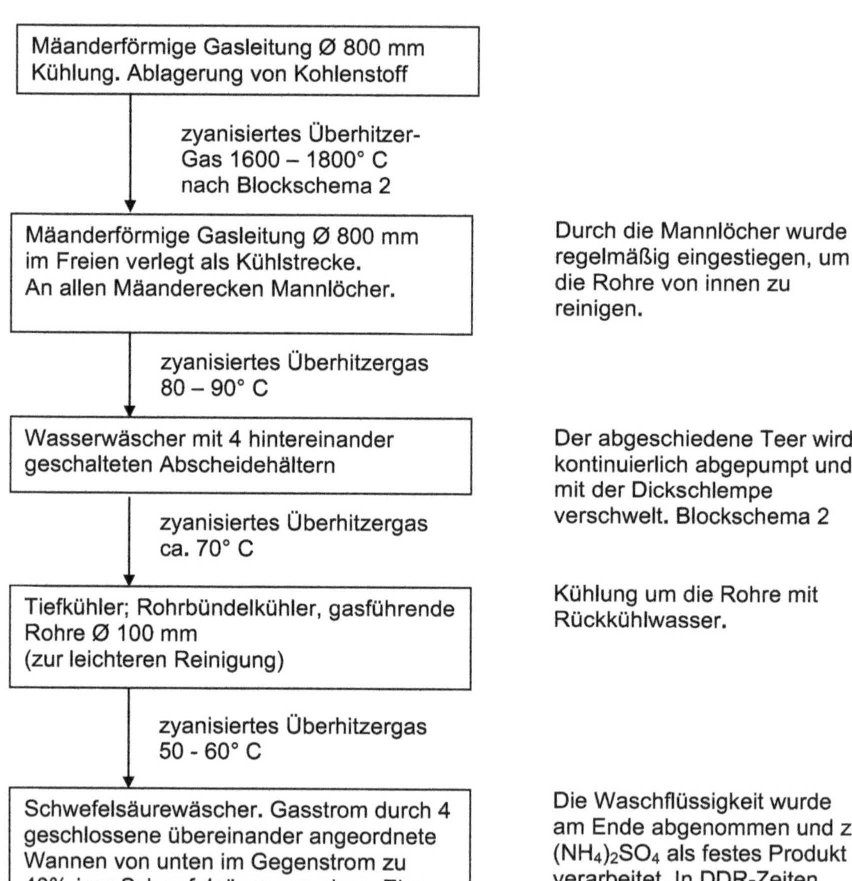

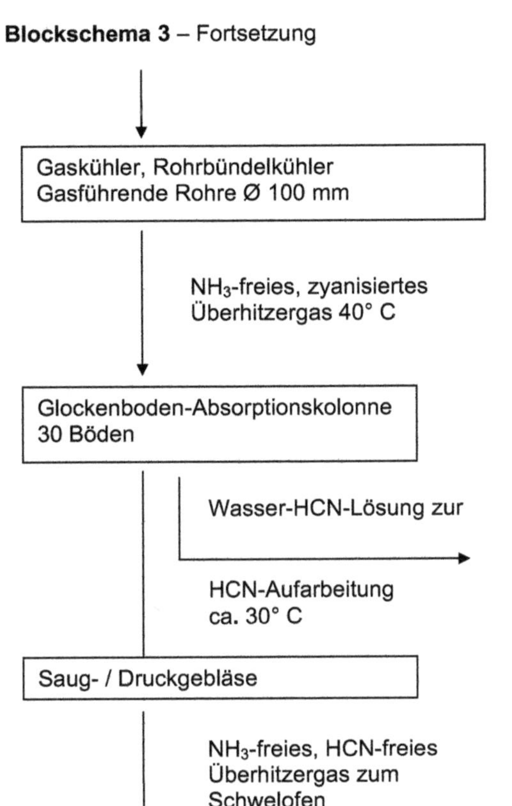
Gaskühler, Rohrbündelkühler
Gasführende Rohre Ø 100 mm
Kühlung mit
Rückkühlwasser
um die Rohre
NH_3-freies, zyanisiertes
Überhitzergas 40° C
Glockenboden-Absorptionskolonne
30 Böden
Wasser-HCN-Lösung zur
HCN-Aufarbeitung
ca. 30° C
Saug- / Druckgebläse
NH_3-freies, HCN-freies
Überhitzergas zum
Schwelofen

Blockschema 4   Aufarbeitung eines Wasser / Blausäuregemisches wie es nach
Blockschema 3 gewonnen wurde.

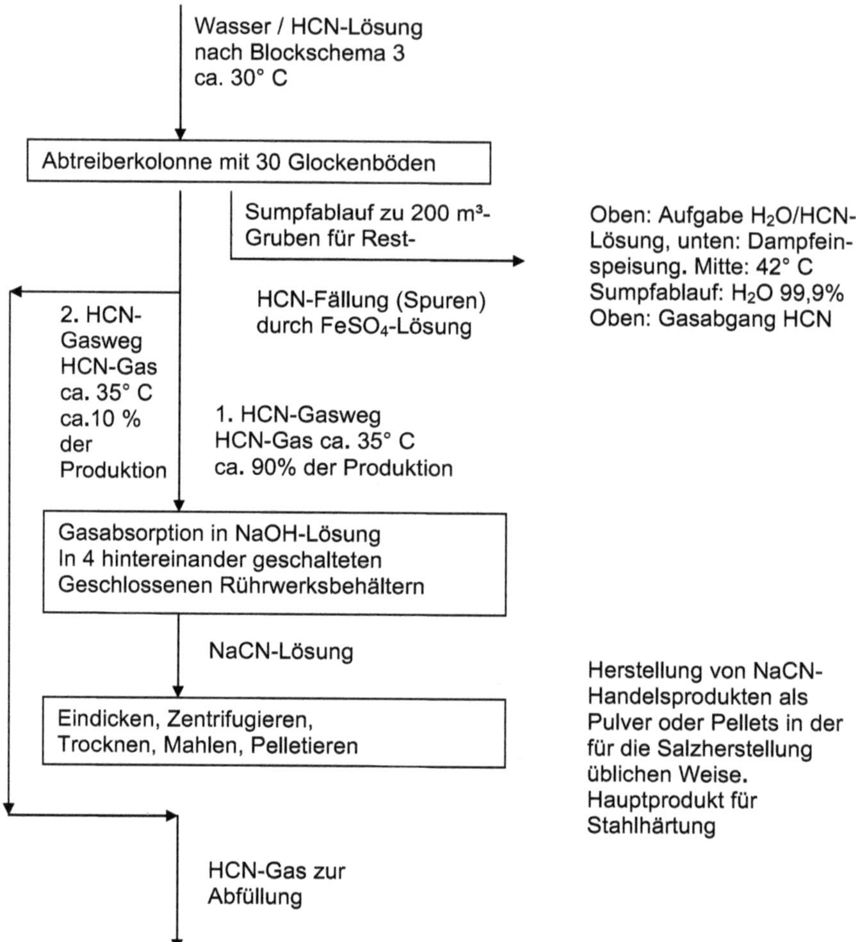

Wasser / HCN-Lösung
nach Blockschema 3
ca. 30° C

Abtreiberkolonne mit 30 Glockenböden

Sumpfablauf zu 200 m³-
Gruben für Rest-

HCN-Fällung (Spuren)
durch FeSO₄-Lösung

Oben: Aufgabe H₂O/HCN-
Lösung, unten: Dampfein-
speisung. Mitte: 42° C
Sumpfablauf: H₂O 99,9%
Oben: Gasabgang HCN

2. HCN-
Gasweg
HCN-Gas
ca. 35° C
ca.10 %
der
Produktion

1. HCN-Gasweg
HCN-Gas ca. 35° C
ca. 90% der Produktion

Gasabsorption in NaOH-Lösung
In 4 hintereinander geschalteten
Geschlossenen Rührwerksbehältern

NaCN-Lösung

Eindicken, Zentrifugieren,
Trocknen, Mahlen, Pelletieren

Herstellung von NaCN-
Handelsprodukten als
Pulver oder Pellets in der
für die Salzherstellung
üblichen Weise.
Hauptprodukt für
Stahlhärtung

HCN-Gas zur
Abfüllung

Blockschema 5   Abfüllung von Trägerstoff und Blausäure in Dosen

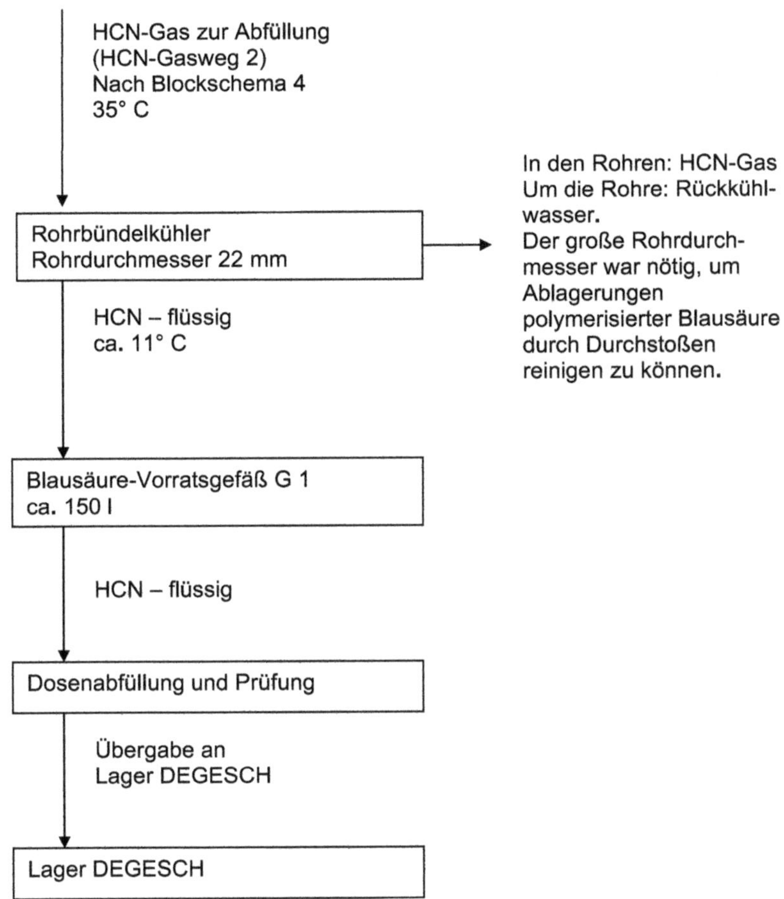
HCN-Gas zur Abfüllung
(HCN-Gasweg 2)
Nach Blockschema 4
35° C

Rohrbündelkühler
Rohrdurchmesser 22 mm

In den Rohren: HCN-Gas
Um die Rohre: Rückkühl-
wasser.
Der große Rohrdurch-
messer war nötig, um
Ablagerungen
polymerisierter Blausäure
durch Durchstoßen
reinigen zu können.

HCN – flüssig
ca. 11° C

Blausäure-Vorratsgefäß G 1
ca. 150 l

HCN – flüssig

Dosenabfüllung und Prüfung

Übergabe an
Lager DEGESCH

Lager DEGESCH

Schema 6   Dosenabfüllung von Zyklon B

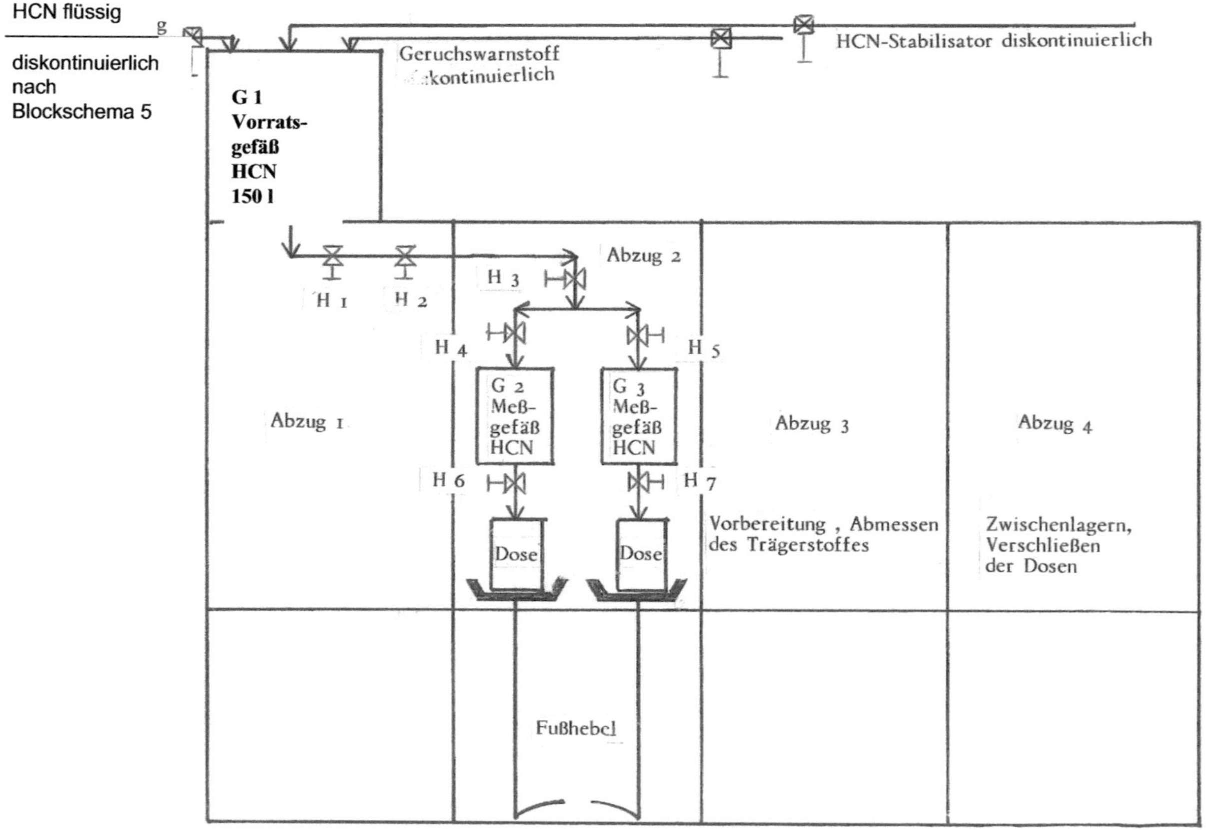

Die Abfüllung findet unter einem Abzug in der Art üblicher Laborabzüge mit 4 nebeneinander liegenden 1 m breiten Schiebefenstern statt.

Im oberen Teil der Abzüge befinden sich Luftansaugöffnungen. Im Abzug A1 ist oben ein 150 l HCN-Vorratsgefäß montiert. Im Abzug A2 sind zwei Volumen-Messgefäße in ihrem Zulauf über Leitungen mit dem HCN-Vorratsgefäß verbunden und in ihrem Ablauf an eine abgesaugte Auslassöffnung angeschlossen. Unter diese Auslassöffnungen können durch Fußhebelbedienung Konservendosen zum Befüllen gestellt werden. Ein Mitarbeiter steht vor dem Abzug A2. Durch Bedienen der Handventile H1 bis H7 füllt er über die Volumenmessgefäße G2 und G3 im Wechsel auf der linken und auf der rechten Seite eine Dose mit der erforderlichen Menge an Blausäure und schiebt sie nach rechts unter Abzug A3.

Vor den Abzügen A3 und A4 steht ein zweiter Mitarbeiter. Für die Produktion von Cyanol bereitet er unter Abzug A3 richtig abgemessene Stapel von Filterpappscheiben vor. Er legt vorsichtig einen vorbereiteten Stapel Filterpappscheiben in die teilweise mit Blausäure gefüllte Dose und verschließt sie nach einer kurzen Wartezeit mit einer einfachen Dosenverschließeinrichtung wie sie z. B. für Wurst- und Fleischkonserven verwendet wird. Die Mitarbeiter arbeiten nur stehend. Dies war aus Sicherheitsgründen vorgeschrieben, damit sie bei Zwischenfällen fluchtartig den Arbeitsplatz verlassen konnten.

Während des Abfüllens wird dem Vorratsgefäß G1 Bromessigsäureäthylester über ein von Hand geregeltes Ventil kontinuierlich in einer Menge zugetropft, die etwa 2% der Blausäure entspricht. Etwa 1x pro Stunde wird Oxalsäure als konzentrierte wässrige Lösung in einer Menge in das Gefäß G1 gegeben, die etwa 0,1 – 0,2% Oxalsäure bezogen auf Blausäure entspricht.

Die fertig verschlossenen Dosen werden auf Wagen geladen und über Nacht im Wärmeschrank bei 35°C gelagert. Am nächsten Morgen werden Dosen mit ausgebeultem Boden oder Deckel aussortiert. Dann prüft ein Mitarbeiter im Sitzen die Dosen auf Undichtigkeit. Dazu lässt er sie auf einer zwischen den Knien angeordneten kleinen Apparatur rotieren und hält an den Deckel ein feuchtes Lackmuspapier an die sich drehende Dose. Dosen, bei denen sich das Kupferacetat-Benzidin-Papier verfärbt, werden aussortiert. Erst dann gelangen die Dosen in die Verpackung.

In dem Buch von J. Kalthoff und M. Werner „Die Händler des Zyklon B" ist eine Abbildung der primitiven Handabfüllung nach Schema 6 und eine Abbildung der Wagen zu sehen, auf denen die Dosen über Nacht im Wärmeschrank gelagert wurden **194)**.

„Abfüllung beim Hersteller"

Abb. 27 Quellenverzeichnis **194)**

Abfüllung von Blausäure zur Herstellung von Cyanol

Abb. 28   Quellenverzeichnis **194)**

Zyklon-Produktion in Dessau. Prüfung der Dichtigkeit von
Zyklon-Dosen durch Erhitzen in einem „Prüfkanal".

Kapitel 9   Hersteller von Zyklon B und Trägerstoff

<u>Hersteller von Blausäure und Zyklon B.</u>

Blausäure für Zyklon B und das Handelsprodukt Zyklon B wurden in der Zuckerraffinerie Dessau hergestellt. Sie wurde 1871 als „Dessauer Aktien-Zucker-Raffinerie" gegründet. 1895 wurde das Patent von Reichardt und Bueb zur Gewinnung von Zyanverbindungen aus Melasserückständen erteilt **177)**. Damals waren fast 900 Personen beschäftigt. 1895 wurde die Firma in eine GmbH umgewandelt. Die „Strontian- und Pottaschefabrik Roßlau" war eine Zweigniederlassung. Vor dem ersten Weltkrieg wurde die Produktion von Natriumcyanid und Kaliumcyanid aufgenommen. 1921 gab es eine erneute Änderung der rechtlichen Stellung durch die Gründung der „Dessauer Werke für Zucker und Chemische Industrie AG" unter Beibehaltung der „Dessauer Zucker-Raffinerie GmbH", deren Geschäftsanteile sich fast zu 100% in der Hand der AG befanden. 1924 begann die Produktion von Zyklon B. Die Holzhydrolyse wurde 1935, die Herstellung von Futterhefe 1942 aufgebaut. 1945 besaß die AG Mehrheitsbeteiligungen an verschiedenen Zuckerfabriken und chemischen Werken. In den Betriebsteilen Dessau und Roßlau wurden 1500 Arbeiter und Angestellte beschäftigt. 1945 wurde der Dessauer Stammbetrieb durch Luftangriffe zu ca. 70% zerstört.

Die Einträge im Reichsadressbuch von 1940 lauten:

1.   Dessauer Werke für Zucker- und chemische Industrie AG
2.   Dessauer Zucker-Raffinerie GmbH

Beide Adressen: Dessau, Askanische Straße 90 a.

Nach 1945 blieb die rechtliche Situation zunächst bestehen. Der alte Vorstand führte die Geschäfte weiter. In den Nachkriegsjahren gab es eine Fülle von Problemen. Mitte 1949 war der Zustand des Werkes so niederschmetternd, dass die bisherige Leitung verhaftet wurde. Ab 1947 griff die sowjetische Militärverwaltung – zum Teil mit widersprechenden Maßnahmen – ein. Am 01. Juli 1948 wurde das Werk in „Volkseigentum" überführt und als „Dessauer Zuckerraffinerie" mit Zweigniederlassung „Strontian- und Pottaschefabrik Roßlau" bezeichnet. Es wird berichtet, dass die Schlempevergasung bereits 1946 wieder in betriebsfähigem Zustand war **195)**. Dies ist ein Hinweis für geringe Kriegsschäden in diesem Werkteil.

1950 / 1951 wurden Produktion und Verwaltung umorganisiert, das Jahr 1952 schloss erstmals mit einem Gewinn ab. 1951 wurde die Produktion von Cyanol, dem Nachfolgeprodukt von Zyklon B (siehe Anhang 2) und von Natriumcyanid wieder aufgenommen. Die Firma wurde in VEB-Gärungschemie umbenannt. Dieser Name wurde bis einige Zeit nach der Wende von 1989 / 90 beibehalten. Produziert wurden Alkohol, Kohlensäure, Futterhefe und Bariumverbindungen. 1991 wurde die Produktion von Bariumverbindungen aufgegeben.

<u>Hersteller für den Trägerstoff für Zyklon B.</u>

Der Trägerstoff wurde wie andere Einsatzstoffe für Zyklon B (z. B. Geruchswarnstoff, Stabilisator) zugekauft.

In der hier zitierten Fachliteratur gibt es keine Hinweise darauf, wo die Firma „Dessauer Werke für Zucker und chemische Industrie" den Trägerstoff zukaufte, den sie für die Herstellung von Zyklon B benötigte. Der Autor ist überzeugt, dass als Lieferfirma für den Trägerstoff nur die Firma „Rheinhold & Co. Vereinigte Kieselguhr und Korkstein-Gesellschaft mbH", Werk Coswig / Anhalt infrage kommt. Die Gründe für diese Überzeugung sind die in Kapitel 6 beschriebenen Details über den Trägerstoff. Ein weiterer Grund ist das Inventarverzeichnis von Rheinhold & Co, Werk Coswig / Anhalt zum 31.12.1945:

<u>Argumente für Rheinhold & Co Werk Coswig als Lieferant des Trägerstoffes für Zyklon B nach Kapitel 6:</u>

- Die Schriften „WSW-Kalender" und „WSW-Tabellarium" der Firma Rheinhold & Co, in denen die Materialbezeichnungen „Lambda-Material" und „Dia-Material" stehen, stimmen in dem Punkt überein mit der Fachliteratur, wo diese Bezeichnungen für den Trägerstoff für Zyklon B stehen **196)**.

- Die Existenz der Kieselgur-Grube Klieken / Anhalt (auf halbem Weg zwischen Coswig und Dessau), wo vor 1945 Kieselgur für Rheinhold & Co, Werk Coswig abgebaut wurde.

<u>Argumente für Rheinhold & Co Werk Coswig als Lieferant des Trägerstoffes für Zyklon B nach dem Inventarverzeichnis zum 31.12.1945 des Werkes Coswig (siehe Teilkopie in Anlage 1):</u>

- Dort stehen zahlreiche „Dia"-Produkte und alle Rohstoffe zur Herstellung des Trägerstoffes für Zyklon B (Gips, Kieselgur K150, Maisstärkepulver).

- Die Mengenrelationen dieser drei Einsatzstoffe im Inventarverzeichnis (Gips: 12000 kg, Kieselgur K 150: 14000 kg, Maisstärkepulver: 1000 kg) entsprechen fast genau der hier rekonstruierten Zusammensetzung des Trägerstoffes (Kapitel 6, Rezeptur 4 in Tabelle 2).
- Im Inventarverzeichnis stehen Fertigprodukte mit der Bezeichnung „Erco", und in der Fachliteratur steht ab 1933 die Bezeichnung „Erco" für den Trägerstoff für Zyklon B **197)**.

- Die Bezeichnung der Kieselgur mit dem vorangestellten „K" deutet auf die Kieselgurgrube Klieken / Anhalt. Die Zahl 150 bedeutet wahrscheinlich das Schüttgewicht.

Insgesamt folgt daraus, dass Firma Rheinhold & Co, Werk Coswig / Anhalt den Trägerstoff für Zyklon B an die Firma Dessauer Werke für Zucker und chemische Industrie, Werk Dessau lieferte.

Als Nachtrag sei vermerkt, dass nach der Wende 1989 / 90 die Fabrikanlagen von Rheinhold & Co in Coswig stillgelegt wurden, die Kieselgurgrube Klieken nicht mehr betrieben wird und die restlichen Aktivitäten von Rheinhold & Co von der Firma Rheinhold und Mahla, München übernommen wurden.

Kapitel 10   Der Verkauf von Zyklon B

Der Vertrieb von Zyklon B war Aufgabe der Deutschen Gesellschaft für Schädlingsbekämpfung mbH (DEGESCH), Frankfurt a. M., Weißfrauenstr. 9 mit ihren beiden regional zuständigen Hauptvertretungen Heerdt – Lingler GmbH., Frankfurt a. M., Hermann-Göring-Ufer 3 für West und Süddeutschland und Tesch und Stabenow, Internationale Gesellschaft für Schädlingsbekämpfung mbH, Hamburg für das östlich der Elbe gelegene Deutschland. Für Tesch und Stabenow werden in Hamburg verschiedene Adressen angegeben: 1936 lautet die Adresse in Hamburg Ballinhaus **198)**, 1942 lautet sie: Meßberghof **199)**.

Bis zur kriegsbedingten Produktionseinstellung gab es in der Zuckerraffinerie in Dessau ein von der DEGESCH eingerichtetes Lager für Zyklon B, das nur der DEGESCH und nicht der Zuckerraffinerie unterstand. Zuständig für den gesamten Versand von Zyklon B war ausschließlich die Firma DEGESCH.

1927 wurde berichtet, dass diese Firma neben der Reichswehr, der Marine und der Firma Georg Dreyer & Co., Frankfurt a. M. (Generalvertretung der DEGESCH für Abt. Pflanzenschutz) das Recht hat, Blausäure zur Schädlingsbekämpfung in Deutschland anzuwenden. Unbefugtes Ausüben des Blausäureverfahrens wurde mit Gefängnis bis zu einem Jahr und / oder Geldstrafe bis zu 10 000 RM belegt **200)**.

Laut Reichsgesundheitsblatt von 1942 sind nur die Firmen DEGESCH, Heerdt – Lingler und Tesch & Stabenow berechtigt für die Anwendung von Blausäure zur Schädlingsbekämpfung auszubilden **199)**. Werbung für Zyklon B wurde vor allem in Fachzeitschriften gemacht. Einige Beispiele werden in den nachstehenden Abbildungen gezeigt **201) – 204)**.

Eine ausführliche Dokumentation über das Verkaufsprodukt Zyklon B, seine Entstehungsgeschichte, die bis in den ersten Weltkrieg und zu Prof. Fritz Haber, Leiter des KWI für physikalische Chemie und Elektrochemie, Berlin, zurückreicht, findet sich in dem Buch von J. Kalthoff und M. Werner **132)**. Das Buch enthält sehr viele aufschlussreiche Einzelheiten aus dem Archiv der Hamburger Vertriebsfirma Tesch & Stabenow, die für Lieferungen östlich der Elbe zuständig war. Hauptinhalt ist der Handel mit Zyklon B. So enthält das Buch ausführliche Beschreibungen der beteiligten Handelsfirmen, aber auch Angaben über die Produktionsstandorte Dessau und Kolin (Böhmen). Im Anhang enthält das Buch eine übersichtliche Zeittafel zur Geschichte der Firma Tesch & Stabenow, ein aufschlussreiches chemisches Glossar, ein alphabetisches Literaturverzeichnis, einen ausführlichen Bildnachweis und ein wertvolles Register. Für weitere Einzelheiten zum Verkauf von Zyklon B wird auf das sehr gut recherchierte und reich bebilderte Buch von Kalthoff und Werner verwiesen **132)**.

Ungeziefer aller Art

wie Wanzen, Läuse, Flöhe, Mäuse, Ratten u. a.

überträgt Krankheiten oder schädigt zumindest die Gesundheit der Menschen in Massenquartieren, Kasernen, Gefängnissen, Herbergen, Schulen und Baracken

Darum erfordert die Hygiene restlose Vernichtung des Ungeziefers

durch **ZYKLON B**

das verbesserte u. vereinfachte trockene Blausäureverfahren, das einen **100%igen Erfolg gewährleistet**

Anerkennungsschreiben, auch von Staats- und Städt. Behörden. Zur Ausführung von Zyklondurchgasungen sind nur unsere Vertretungen im In- und Auslande berechtigt und amtlich zugelassen

Kostenlose Auskunft durch

DEGESCH

Deutsche Gesellschaft für Schädlingsbekämpfung m. b. H., **Frankfurt a. Main,** Postschließfach 107

Abb. 29 Werbung für Zyklon B   Quellenverzeichnis **201)**

3 Erzeugnisse,

die sich in der Schädlingsbekämpfung
100 prozentig bewährt haben,

ZYKLON

das Universal-Blausäuremittel

CYANKALZIUM

die Blausäure in fester Form für
Pflanzenschutz und Quarantäne

T-GAS

das Äthylenoxyd-Präparat zur Wohnungs-
entwesung, zur Behandlung von Trocken-
früchten, Tabak-, Kakao-Erzeugnissen usw.

DEGESCH

DEUTSCHE GESELLSCHAFT FÜR
SCHÄDLINGSBEKÄMPFUNG M.B.H.

T-GAS GESELLSCHAFT FÜR
SCHÄDLINGSVERNICHTUNG M. B. H.
FRANKFURT/M. · SCHLIESSFACH 248

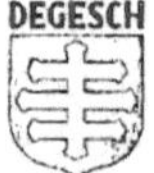

Abb. 30 Werbung für Zyklon u. a. Quellenverzeichnis **202)**

Abb. 31 Werbung für Zyklon u. a.   Quellenverzeichnis **203)**

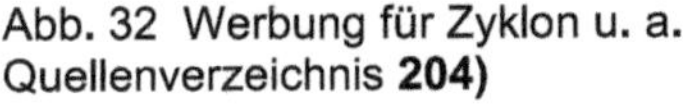

Abb. 32 Werbung für Zyklon u. a.   Abb. 33 Werbung für Zyklon u. a
Quellenverzeichnis **204)**   Quellenverzeichnis **204)**

Abb. 34 Werbung für Zyklon u. a.   Quellenverzeichnis **204)**

Kapitel 11 Zusammenfassung

Diese Arbeit versucht, Sachinformationen über das Produkt Zyklon B zusammenzutragen, das zwischen 1922 und 1945 große Bedeutung hatte, weil es damals ein modernes technisch verbessertes Handelsprodukt für die Schädlingsbekämpfung mit Blausäure war, und weil es in den letzten Jahren des zweiten Weltkrieges nach Zeugenaussagen als Mordwaffe zur Massenvergasung von Menschen verwendet wurde.

In der Einleitung, Kapitel 1, wird dieses Vorhaben erläutert.

Kapitel 2 und 3 fassen für die Anfangszeit von Zyklon B (etwa 1922 – 1930) Informationen über die Bestandteile Trägerstoff (damals Kieselgur) und das Blausäure-Wirkstoffgemisch zusammen.

Kapitel 4 bringt einen geschichtlichen Abriss über die Verwendung von Blausäure zur Schädlingsbekämpfung ab 1877 von der Verwendung von Natriumzyanid / Schwefelsäure bis zum Zyklon-B-Verfahren.

Die Marktentwicklung für Zyklon B wird in Kapitel 5 beschrieben.

Kapitel 6 mit der Überschrift „das Zyklon B-Konzept" enthält für die Zeit 1922 – 1945 Details über den Trägerstoff, das Blausäure-Wirkstoffgemisch, die Blechdosen und die Gesamtverpackung mit rekonstruierten Tabellen der Änderungen in diesem Zeitraum (Tabelle 1, 2, 3, 4, 5). Besonders umfangreich und sorgfältig wurden Informationen über den Trägerstoff zusammengetragen, weil sich darüber wenig Konkretes in der Fachliteratur findet. So ermöglichen es die Tabellen 1 und 2, die Zusammensetzung des Trägerstoffes 1931 – 1945 mit hoher Wahrscheinlichkeit weitgehend genau festzustellen und mit der Versuchmischung 4 der Tabelle 2 zu beschreiben, was in Kapitel 9 zusätzlich bestätigt wird. Tabelle 3 betrifft den Geruchswarnstoff, Tabelle 4 und 5 die Blechdosen. Der Vollständigkeit halber sind in Kapitel 6 Einzelheiten zu Transportvorschriften und zur Gesamtverpackung aufgenommen.

Kapitel 7 betrifft Eigenschaften und Handhabung des Handelsproduktes Zyklon B.

Kapitel 8 über die Produktion von Zyklon B ist eine Rekonstruktion aus Patentschriften, Literaturangaben und Eigenrecherchen des Autors in Dessau.
Anhand von 5 Blockschemata zur Produktion und einem Schema zur Dosenabfüllung wird der Prozess verfahrenstechnisch und chemisch beschrieben.

Kapitel 9 geht auf die Herstellfirmen für Zyklon B, Dessauer Werke für Zucker- und chemische Industrie AG, und für den Trägerstoff, Rheinhold & Co Vereinigte Kieselguhr und Korkstein-Gesellschaft mbH, Werk Coswig / Anhalt (Rheinhold & Co) ein. Hier wird der in der zitierten Fachliteratur fehlende Beweis erbracht, dass Firma Rheinhold & Co, Werk Coswig / Anhalt den Trägerstoff für Zyklon B hergestellt und nach Dessau geliefert hat. Mit Hilfe des Inventarverzeichnisses dieser Firma zum 31.12.1945 im Anhang 1 wird dies erhärtet.

Kapitel 10 nennt die Vertriebsfirmen und bringt einige Beispiele von Werbung für Zyklon B.

Kapitel 12 enthält 204 Quellenhinweise.

Kapitel 13, Anhang 1 ist eine Teilkopie aus dem Inventarverzeichnis zum 31.12.1945 der Firma Rheinhold & Co, Werk Coswig / Anhalt mit Nennung der Trägerstoffe für Zyklon B und der Rohstoffe, die zur Herstellung des Trägerstoffes benötigt werden.

Kapitel 13, Anhang 2 zeigt Etiketten, des 1951 bis etwa 1968 in Dessau hergestellten Nachfolgeproduktes von Zyklon B, das mit „Cyanol" bezeichnet wurde.

Kapitel 12   Quellenverzeichnis

1)   W. Herzog, Die neuere Entwicklung der Schädlingsbekämpfung mittels Blausäure, Chemiker Ztg., 1926, Jg. 50, S. 493-94

2)   W. Trappmann, Schädlingsbekämpfung in Chemie und Technik der Gegenwart, Bd. 8 (Hrsg. W. Roth), S. Hirzel, Leipzig 1927, S. 349

3)   J. Meyer, Der Gaskampf und die chemischen Kampfstoffe, in Chemie und Technik der Gegenwart, Bd. 4, 2. Aufl, 1926, S. 219

4)   W. Knoll, Z. f. das gesamte Schieß- und Sprengstoffwesen und Gasschutz 1927, Jg. 22, S. 295

5)   W. Trappmann, Schlädlingsbekämpfung a. a. O., S.349

6)   F. Flury, A. Hase, Blausäurederivate zur Schädlingsbekämpfung, Med. Wochenschr. 1920, Jg. 67, S. 779

7)   G. Peters, Blausäure zur Schädlingsbekämpfung in Sammlung chemischer und chemisch-technischer Vorträge, Neue Folge, Heft 20, Hrsg. H. Grossmann, F. Enke, Stuttgart 1933, S. 56 – 57

8)   F. Flury, A. Hase, Blausäurederivate zur Schädlingsbekämpfung a. a. O., S. 779

9)   W. Herzog, Die neuere Entwicklung, a. a. O., S. 493

10)   W. Trappmann, Schädlingsbekämpfung a. a. O., S. 349

11)   H. W. Frickhinger, Gase in der Schädlingsbekämpfung in Flugschriften der Deutschen Gesellschaft für Entomologie, Nr. 13, Paul Parey, Berlin 1933, S. 27

12)   F. Kainer, Kieselgur, ihre Gewinnung, Veredelung und Anwendung in Sammlung chemischer und chemisch-technischer Vorträge, Neue Folge, Heft 32, Hrsg. R. Pummerer, F. Enke, Stuttgart 1951

13)   S. J. Johnstone, M. G. Johnstone, Minerals for the chemical and allied industries, 2. Ausgabe, Chapman and Hall, London 1961, S. 181 – 187

14)   Kirk-Othmer, Encyclopedia of chemical technology, John Wiley & Sons, New York 1965, Vol. 7, S. 53 – 63; 1975, Vol. 7, S. 605 – 635; 1979 Vol. 7, S. 603 – 614; 1993, Vol. 8, S. 108 – 118

15)   F. L. Kader, Diatomite in Industrial Minerals and Rocks, Hrsg. S. J. Lefond, American Institute of Mining, Metallurgical and Petroleum Engineers, New York, 1975, S. 605 – 635

16)   P. W. Harben, R. L. Bates, Diatomite in Industrial Minerals and Geology and World Deposites, Redwood Burn Ltd., Trowbridge, Wiltshire, U.K. 1990, S. 102 – 105

17)   Anonym, Jahresbericht VIII der Chemisch-Technischen Reichsanstalt 1929, Verlag Chemie, Berlin 1930, S. 74 – 75

18)   G. Peters, Blausäure zur, a. a. O., S. 41

19)   G. Peters, Blausäure zur, a. a. O., S. 13

20)   G. Peters, Die Organisation der Schildlausbekämpfung in den Citruskulturen der Welt, Anz. f. Schädlingskunde, Jg. 8, 1932, S 115

21)   G. Peters, Die Organisation der, a. a. O., S. 113 – 117

22)   H. W. Frickhinger, Gase in der, a. a. O., S. 38

23)   H. W. Frickhinger, Blausäureräucherung im Kampf gegen die Mehlschädlinge, Die Umschau, Jg. 21, 1917, S. 694

24)   H. W. Frickhinger, Blausäureräucherung im Dienste der Mehlschädlings-bekämpfung, Z. f. angew. Entomol. 1917, S. 312 – 319

25)   H. W. Frickhinger, Gase in der, a. a. O., S. 34

26)   G. Peters, Blausäure, a. a. O., S. 45 – 49

27)   G. Peters, Blausäure, a. a. O., S. 49 - 56

28)   Hülsenberg, Versuche mit Calciumcyanid zur Bekämpfung von Gewächshausschädlingen, Z. f. angew. Entomol. 1929, S. 285 – 324

29)   H. W. Frickhinger, Gase in der, a. a. O., S. 41 – 55

30)   W. Herzog, Die neuere ., a. a. O., S. 494

31)   L. Gassner, Die moderne Schädlingsbekämpfung und ihre Hauptstütze, Der staatlich geprüfte Desinfektor, Jg. 5, 1930, S. 59

32)   Hülsenberg, Versuche mit, a. a. O., S. 320

33)   L. Schwarz, Bekämpfung der Gesundheitsschädlinge durch Blausäure, Z. f. Desinfektion, Jg. 21, 1929, S. 1

34)   G. Peters, Blausäure zur, a. a. O., S. 43

35)   Anonym, 20 Jahre Blausäuredurchgasung in Deutschland, Die Umschau, Jg. 41, 1937, S. 628

36)   W. Heerdt, Das Blausäuregas in der Schädlingsbekämpfung, Die Umschau, Jg. 41, 1937, S. 975

37)   L. Gassner, Die Großbekämpfung von Vorratsschädlingen, Z. f. hyg. Zool. Jg. 29, 1937, S. 177

38) Anonym, F. I. A. T. Investigation of Insecticide and Insectifuge research and manufacture in Western Germany. Final Report Nr. 38, British Intelligence Objectives Sub-Committee, His Majesty Stationary Office, London 1945, S. 22

39) Anonym, F. I. A. T. Fumigants distributed by DEGESCH A. G., Weißfrauenstraße 9, Frankfurt. Final Report Nr. 215 British Intelligence Objectives Sub-Committee, His Majesty Stationary Office, London 01.10.1945, S. 1

40) W. Rasch, Blausäure im Dienste der Volkswirtschaft und der Hygiene, Handbuch des Arbeitsschutzes und der Betriebssicherheit, Bd. 3, 1927, S. 552 – 559

41) E. Smolczyk, Durchgasung des größten deutschen Ozeanriesen, Die Gasmaske, Jg. 7, 1935, S. 32 – 36

42) H. W. Frickhinger, Gase in der a. a. O., S. 40

43) Deutsches Reich, Gesetz über das internationale Sanitätsabkommen vom 18.03.1930, Reichsgesetzblatt, Teil II, Nr. 9, 27.03.1930, S. 589 ff; S. 1268 ff.

44) J. R. Ridlon, Some aspects of ship fumigation, Public Health Reports by Public Health Service, US-Printing Office, Washington 1931, Vol. 46, S. 1573 – 78

45) C. L. Williams, Effect of Fumigation on cockroaches on ships, Public Health Reports by US-Public Health Service, US-Printing Office, Washington 1931, Vol. 46, S. 1680 – 94

46) C. L. Williams, The air jet hydrocyanic acid sprayer, Public Health Reports by US-Public Health Service, US-Printing Office, Washington 1931, Vol 46, S. 1756 – 61

47) C. L. Williams, Report an some tests of the use of a new cyanogen product in ship fumigation, Public Health Reports by US-Public Health Service, US-Printing Office, Washington 1931, Vol. 46, S. 2048 – 59

48) C. L. Williams, Notes on fumigation of vessels, Public Health Reports by US-Public Health Service, US-Printing Office, Washington 1931, Vol. 46, S. 2973 – 80

49) C. L. Williams, Fumigants, Public Health Reports by US-Public Health Service, US-Printing Office, Washington 1931, Vol. 46, S. 1013 – 31

50)   C. L. Williams, Rat infestination of ships out of commission, Public Health Reports by US-Public Health Service, US-Printing Office, Washington 1933, Vol. 48, S. 89 – 90

51)   C. L. Williams, Deratization activities in ports on ships in American countries, Public Health Reports by US-Public Health Service, US-Printing Office, Washington 1938, Vol. 52, S. 803 – 16

52)   L. Schwarz, Bekämpfung der, a. a. O., S. 8 – 10

53)   Rosenhaupt, Ortsfeste Blausäure-Kammern in Mainz, Dresden, Frankfurt, München, Flensburg und bei Privatunternehmern in Essen, Hamburg, Bremen sowie fahrbare Gaskammern wurden mit Abbildungen beschrieben. Z. f. Desinfektion, Jg. 21, 1929, S. 104 ff.

54)   L. Schwarz, W. Deckert, Im Hamburger Stadtgebiet befindliche ortsfeste Blausäurekammern, Z. f. Desinfektion, Jg. 21, 1929, S. 132 – 34 (Berichte über 9 ortsfeste Gaskammern in Hamburg)

55)   J. Wilhelmi, Übersicht über die bei der Bekämpfung der Gesundheitsschädlinge gebräuchlichen Apparate und ihre Eignung zur Normung, Z. f. Desinfektion, Jg. 21, 1292, S. 197 – 204

56)   W. Deckert, Blausäurekammern zur Entwesung von schädlingsbefallenem Einzelgut. Techn. Gemeindeblatt, Jg. 30, 1927/28, S. 306 – 308

57)   Beusch, Blausäureentwesungen der städtischen Desinfektionsanstalt in Königsberg i. Pr., Der praktische Desinfektor, Jg. 22, 1930, S. 378 – 82

58)   G. Peters, Ein neues Verfahren zur Kammerdurchgasung, Z. f. hyg. Zool., Jg. 28, 1936, S. 106 – 110

59)   G. Peters, Durchgasung von Eisenbahnwagen mit Blausäure, Anz. f. Schädlingskunde, Jg. 13, 1937, S. 35 - 41

60)   G. Peters, Die Gasschleuse am Stadtrand, Der praktische Desinfektor, Jg. 30, 1938, S. 134 – 36

61)   G. Peters, W. Rasch, Die Blausäure als Entlausungsmittel in Begasungskammern, Der praktische Desinfektor, Jg. 32, 1941, S. 94

62)   Deutsches Reich, Verordnung zur Ausführung der Verordnung über die Schädlingsbekämpfung mit hochgiftigen Stoffen vom 25.03.1931, Reichsgesetzblatt Teil I, Nr. 12, 30.03.1931, S. 83 – 85, Änderungen: 29.11.1932, (RGBl I, S. 539); 06.05.1936 (RGBl I, S. 444).

63)   W. Deckert, Blausäurekammern zur, a. a. O., S. 308

64)   G. Peters, Die Gasschleuse am, a. a. O., S. 136

65)   Rosenhaupt, Ortsfeste Blausäurekammern, a. a. O., S. 111

66)   L. Gassner, Slum Clearance, Die Gasmaske, Jg. 7, 1935, S. 41

67)   H. Mertens, Gaskrieg im Möbelwagen. Englands Kampf gegen die Wanzenplage. Der praktische Desinfektor, Jg. 30, 1938, S. 140

68)   A. Hase, Wo gibt es in Berlin Wanzen?, Der praktische Desinfektor, Jg. 30, 1938, S. 140 – 144

69)   M. Kaiser, E. Fried, Durchgasung des Kefernmarkter Flügelaltares mit Blausäure (Zyklon B), Z. Desinfektion und Gesundheitswesen, Jg. 23, 1931, S. 2 – 12, zitiert in: Tech. Gemeindeblatt, Jg. 34, 1931, S. 147; Z. f. angewandte Entomologie, Bd. 17, 1931, S. 193 und Anz. f. Schädlingskunde, Jg. 7, 1931, S. 131

70)   DRP Nr. 438811 vom 20.06.1922

71)   Anonym, Jahresbericht IV der Chemisch-Technischen Reichsanstalt 1924/25, Verlag Chemie, Berlin 1925, S. 28 – 53

72)   H. Betke, Blausäurevergiftung infolge Aufnahme durch die Haut, Zentralblatt für Gewerbehygiene und Unfallverhütung Heft 10 (1931), zitiert nach Gesundheitsingenieur Jg. 55, 1932, S. 108

73)   L. Wöhler, J. F. Roth, Die explosiven Eigenschaften von Blausäure, Chemiker Z. Jg. 50, 1926, S. 763

74)   W. Herzog, Die neuere Entwicklung, 1926, a. a. O., S. 493

75)   W. Trappmann, Schädlingsbekämpfung, 1927, a. a. O., S. 350

76)   Anonym, Blausäure-Durchgasung, Die Umschau, Jg. 30, 1926, S. 140

77)   P. Buttenberg, Ungeziefervernichtung in Kühlhäusern und an anderen Orten, Z. f. Fleisch- und Milchhygiene, Jg. 37, 1927, S. 346

78)   O. Hecht, Blausäuredurchgasungen zur Schädlingsbekämpfung, Die Naturwissenschaften, Jg. 16, 1928, S. 19

79)   C. V. Akhin, Fumigation with cyanogen products, Public Health Reports by US-Public Health Service, US Printing Office, Washington 1928, S. 2648

80)   Anonym, Jahresberichte VIII der Chemisch-Technischen Reichsanstalt 1929, a. a. O., S. 76

81)   R. Hock, Beitrag zur Kenntnis von der Vernichtung von Schädlingen in Aufbewahrungsstätten von Lebensmitteln, Z. f. Fleisch- und Milchhygiene, Jg. 39, 1929, S. 141

82) L. Schwarz, Die Entwicklung des Blausäureverfahrens in der Schädlingsbe-kämpfung, Z. f. Desinfektions- und Gesundheitswesen, Jg. 22, 1930, S. 396

83) Anonym, Jahresbericht VIII der Chemisch-Technischen Reichsanstalt 1929, a. a. O., S. 78

84) A. Schroll & Co. GmbH, Wien (Hrsg.), Die Vergasung der Pfarr-Kirche in Kefermarkt und ihres gotischen Schnitzaltars, Wien, Bundesdenkmalamt, zitiert nach Anz. F. Schädlingskunde, Jg. 7, 1931, S. 131

85) G. Peters, Blausäure zur, 1933, a. a. O., S. 60

86) G. Peters, Durchgasung von Eisenbahnwagen, 1937, a. a. O., S. 36

87) Fa. Rheinhold & Co., Firmenschriften, „WSW-Kalender" 1928 und 1931, Deutsche Bücherei Leipzig, Signatur ZA 10016

88) Fa. Rheinhold & Co., Firmenschriften, „WSW-Tabellarium" 1933, 1935, 1937, 1940, Deutsche Bücherei Leipzig, Signatur ZA 10016 und 10018

89) Fa. Rheinhold & Co., Firmenschrift 1928, a. a. O., S. 24 – Anlage

90) Fa. Rheinhold & Co., Firmenschrift 1931, a. a. O., Deckblatt

91) Fa. Rheinhold & Co., Firmenschrift 1940, Deckblatt

92) Anonym, F.I.A.T., Final Report Nr. 38, Investigation, 1945, a. a. O., S. 1, 21

93) Anonym, B.J.O.S., Final Report Nr. 439, The storage of grain in Germany with special reference to the control of insect pests, British Intelligence Objectives Sub-Committee, Her Majesty Stationary Office, London 1945, S. 30

94) R. Irmscher, Nochmals: die Einsatzfähigkeit der Blausäure bei tiefen Temperaturen, Z. f. hyg. Zool., Jg. 34, 1942, S. 36

95) Franz. Pat. Nr. 1011908 vom 09.04.1952

96) US. Pat. Nr. 1900866 vom 07.03.1933

97) Canad. Pat. Nr. 326708 vom 11.10.1932

98) DRP Nr. 499316 vom 12.04.1927

99) DRP Nr. 354426

100) C. L. Williams, Report on some tests, 1931, a. a. O., S. 2048 – 58

101) C. L. Williams, Fumigants, 1931, a. . O., S. 1015 – 17

102) G. Peters, Blausäure zur, 1933, a. a. O., S. 60

103) DRP Nr. 490355 vom 31.05.1924

104) DRP Nr. 517918 vom 04.07.1925

105) DRP Nr. 543211 vom 04.07.1925

106) Franz. Pat. Nr. 672205 vom 14.09.1929

107) DRP Nr. 443741 vom 03.07.1925

108) US. Pat. Nr. 1792103 vom 23.06.1926

109) DRP Nr. 352979 vom 05.04.1919

110) DRP Nr. 490355 vom 31.05.1924

111) DRP Nr. 524261 vom 17.01.1928

112) DRP Nr. 517631 vom 21.07.1925

113) DRP Nr. 476427 vom 23.05.1926

114) US. Pat. Nr. 1949466 vom 12.01.1929

115) Deutsche Reichsbahn Eisenbahnverkehrsordnung (EVO), Anlage C zu §
54 EVO, Vorschriften über die nur bedingt zur Beförderung zugelassenen
Gegenstände vom 01. Okt. 1938, S. 50

116) Deutsches Reich, Anwendung von hochgiftigen Stoffen zur Schädlingsbekämpfung durch die Waffen-SS, Rd. Erl. Des RM f. E. u. L. vom
03.04.1941, zitiert nach Z. f. Zool., Jg 33, 1941, S. 126

117) L. Gassner, Die gesetzlichen Bestimmungen der Anwendung hochgiftiger
gasförmiger Stoffe zur Schädlingsbekämpfung in Deutschland, Handbuch
des praktischen Desinfektors, Th. Steinkopf, Dresden 1937, S. 185 – 186

118) A. Cousineau, F. G. Legg, Hydrocyanic acid and other toxic gases in
commercial fumigation, Amer. Journ. Public Health 25, 1935, S. 277 – 94,
zitiert nach Anz. F. Schädlingskunde, Jg. 14, 1938, S. 136

119) Anonym, Jahresbericht IV der Chemisch-Technischen Reichsanstalt
1924/25, Verlag Chemie, Berlin 1925, S. 39 – 40

120) ABP Page, O. F. Lubatti, The application of fumigants to ships and
warehouses, J. Soc. Chem. Ind., Transactions and Communications, 1933,
S. 317 T.

121) L. Schwarz, Die Entwicklung des, 1930, a. a. O., S. 395

122) Th. Sudendorf, Über Äthylenoxid (T-Gas) in seiner Verwendung zur
Schädlingsbekämpfung bei Lebensmitteln, Chemiker-Zeitung, Jg. 55, 1931,
S. 549, Fußnote

123) Anonym, Jahresbericht IV der Chemisch-Technischen, 1925, a. a. O., S.
42

124) O. Hecht, Blausäuredurchgasung zur, 1928, a. a. O., S. 20

125) J. R. Ridlon, Some aspects of, 1931, a. a. O., S. 1576 – 77

126) C. L. Williams, Report on some, 1931, a. a. O., S. 2049

127) C. L. Williams, Fumigants, 1931, a. a. O., S. 1021

128) Anonym, Sur la déstruction des moustiques à bord des aironefs, Bull. off. int. Hyg. publ. 27, 1935, S. 550 – 560, zitiert nach The Review of Applied Entomology, Vol. 35, 1935, S. 155

129) R. Queisner, Erfahrungen mit Filtereinsätzen und Gasmasken für hochgiftige Gase zur Schädlingsbekämpfung, Z. hyg. Zool., Jg. 35, 1943, S. 190

130) Anonym, B.I.O.S. Final Report Nr. 439, 1945, a. a. O., S. 30

131) R. Queisner, Erfahrungen mit, 1943, a. a. O., S. 191

132) J. Kalthoff, M. Werner, Die Händler des Zyklon B., Hamburg, VSA-Verlag 1998, S. 180, 181

133) J. Kalthoff, M. Werner, Die Händler, a. a. O., S. 134

134) K. Naumann, Z. hyg. Zool., Jg. 33, 1941, S. 43

135) G. Peters, Blausäure zur, 1933, a. a. O., S. 62

136) DRP Nr. 529877 vom 23.10.1928

137) DRP Nr. 601640 vom 30.11.1932

138) G. Peters, Blausäure zur, 1933, a. a. O., S. 63 – 64

139) M. Grünewald, Verordnung über Schädlingsbekämpfung mit hochgiftigen Gasen. Der staatlich geprüfte Desinfektor, Jg. 6, Heft 9, 1930, S. 134

140) Otto Hecht, Blausäuredurchgasungen zur, 1928, a. a. O., S. 19

141) C. A. Akin et al., Fumigation with, 1928, a. a. O., S. 2649

142) C. A. Akin et al., Fumigation with, 1928, a. a. O., S. 2662 und 2666

143) C. A. Akin et al., Fumigation with, 1928, a. a. O., S. 2667

144) L. Schwarz, Die Entwicklung des , 1930, a. a. O., S. 396

145) J. R. Ridlon, Some aspects of,1931, a. a. O., S. 1576

146) C. L. Williams, Report on some tests, 1931, a. a. O., S. 2049

147) L. Gassner, Die moderne Schädlingsbekämpfung und ihre Hauptstütze, Der staatlich geprüfte Desinfektor, Jg. 5, 1930, S. 55, 56

148) G. Peters, Blausäure zur, 1933, a. a. O., S. 60

148a) J. Graf, C. Mattogno, KL Majdanek, Hastings, Castle Hill Publisher, S. 126 – 128

149) C. A. Akin et al., Fumigation with, 1928, a. a. O., S. 2649

150) L. Gassner, Schädlingsbekämpfung bei der Getreidelagerung, Die Gasmaske Jg. 12, Heft 3, Aug./Okt., 1940, S. 81, Bild 4

151) L. Gassner, Die moderne Schädlingsbekämpfung, 1930, a. a. O., S. 58, siehe auch W. Rasch, Blausäure im Dienste, 1927, a. a. O., S. 553

152) Anonym, Blausäure-Durchgasung, a. a. O., S. 139

153) G. Peters, Ein neues Verfahren zur Kammerdurchgasung, Z. f. hyg. Zool., Jg. 28, 1936, S. 108

154) G. Peters, E. Wüstinger, Sach-Entlausung in Blausäurekammern, Z. hyg. Zool., Jg. 32, 1940, S. 193

155) G. Peters, Ein neues Verfahren, 1936, a. a. O., S. 109

156) G. Peters, Ein neues Verfahren, 1936, a. a. O., S. 111

157) G. Peters, Die hochwirksamen Gase und Dämpfe in der Schädlingsbekämpfung, F. Enke, Stuttgart 1942, S. 38

158) G. Peters, Durchgasung von Eisenbahnwagen, 1937, a. a. O., S. 38

159) G. Peters, E. Wüstinger, Sach-Entlausung in, 1940, a. a. O., S. 194

160) G. Peters, Die hochwirksamen Gase, 1942, a. a. O., S. 40

161) G. Peters, Eine moderne Eisenbahn-Entwesungsanlage, Anzeiger für Schädlingskunde, Jg. 14, 1938, S. 99

162) Deutsche Bahn AG; Deutscher Eisenbahn-Gütertarif – Abt. A – Ausgabe 01.09.1993, Anlage: Gefahrgutverordnung Eisenbahn vom 22.09.1985, siehe Bundesgesetzblatt, Teil I, Nr. 40 vom 30.07.1985, S. 1560

163) Heinz Quester, Handbuch Gefahrgutvorschriften für den Straßenverkehr, Verkehrs-Verlage J. Fischer, Düsseldorf 1994

164) Deutsche Reichsbahn, Eisenbahnverkehrsordnung (EVO), 1938, a. a. O., S. 52, S. 55 – 56 und S. 75 ff.

165) C. L. Williams, Report on some tests, 1931, a. a. O., S. 2049

166) Deutsches Reich, Verordnung über die Schädlingsbekämpfung mit hochgiftigen Stoffen vom 29.01.1919, RGBl 31, 1919, S. 165 – 166

167) Anonym, Verordnung zur Ausführung der Verordnung über die Schädlingsbekämpfung mit hochgiftigen Stoffen vom 22.08.1927, RGBl 41, Teil I, 1927, S. 297. Siehe auch gleiche Verordnung des Jahres 1931, Quellenverz. Nr. 62

168) Deutsches Reich, Runderlass des Reichsministers für Ernährung und Landwirtschaft und des Reichsministeriums des Inneren betr. Gebrauch von Blausäure zur Schädlingsbekämpfung vom 04.11.1941, Reichsgesund-heitsblatt Jg. 66, 1942, S. 193 – 198. (Besonders umfangreiche Detailvor-schriften der Zuständigkeiten von Polizeibehörden,

Gesundheitsämtern, höheren Verwaltungsbehörden, obersten Landesbehörden, des Reichs-ministeriums für Ernährung und Landwirtschaft mit 5 Formblattanlagen für Details der Genehmigung. Anhang E enthält die technische Beschreibung des Gasrestnachweises.)

169) Anonym, Tödliche Desinfektion mit Blausäure, Z. f. Desinfektions- und Gesundheitswesen, Jg. 16, 1924, S. 87

170) Anonym, Vorsicht bei der Durchgasung mit Blausäure, Z. f. Fleisch- und Milchhygiene, Jg. 35, 1925, S. 142

171) Anonym, Urteil betreffend Blausäure-Vergiftung, Z. f. Desinfektions- und Gesundheitswesen 1927, S. 127

172) C. L. Williams, Unusual case of Cyanide Poisoning during Fumigation, Public Health Reports by US-Public Health Service, US Printing Office, Washington 1938, S. 2094 – 2095, zitiert nach Z. f. hyg. Zool., Jg. 31, 1939, S. 58

173) F. Rosenthal-Deussen, Vergiftungen mit Blausäure bei Entwesung einer Mühle, Klin. Wochenschrift, Jg. 7, 1928, S. 500 – 503

174) H. Bethke, Blausäurevergiftung infolge, a. a. O., S. 108

175) Anonym, Gerichtsentscheidung betreffend Blausäureverfahren, Der praktische Desinfektor, Jg. 22, 1930, S. 59. Gleicher Bericht siehe: Z. f. Desinfektions- und Gesundheitswesen, Jg. 22, 1930, S. 69

176) DRP Nr. 86913 vom 25.10.1894

177) DRP Nr. 87725 vom 29.09.1895

178) DRP Nr. 113530 vom 20.08.1899

179) DRP Nr. 181508 vom 17.01.1906

180) DRP Nr. 232615 vom 16.02.1910

181) DRP Nr. 255440 vom 09.11.1911

182) DRP Nr. 259501 vom 07.04.1912

183) DRP Nr. 352979 vom 05.04.1919

184) DRP Nr. 403378 vom 02.08.1923

185) DRP Nr. 447913 vom 31.05.1924

186) DRP Nr. 490355 vom 22.02.1925

187) DRP Nr. 517918 vom 04.07.1925

188) DRP Nr. 543211 vom 04.07.1925

189) DRP Nr. 479845 vom 05.01.1926

190) DRP Nr. 549055 vom 15.04.1930

191) Joachim Walter, Walter Appel, Vor 50 Jahren. Der Neuanfang der Dessauer Industrie im Jahre 1945, Ergebnisse des industriegeschichtlichen Kolloquiums am 22. April 1995 im Stadtarchiv Dessau, Gärungschemie Dessau, Stadt Dessau, Stadtarchiv (Hrsg.), 1995, S. 27

192) Marx, Zimmermann et al., 100 Jahre Chemie in Dessau, Druckerei Rotation, Dessau 1971, zweite vordere Einbandseite

193) F. Ullmann (Hrsg.), Cyanverbindungen, Enzyklopädie der technischen Chemie, 3. Band, Urban & Schwarzenberg, Berlin 1929, S. 473 – 474

194) J. Kalthoff, M. Werner, die Händler 1998, a. a. O., S. 87, S 102

195) J. Walter, W. Appel, Vor 50 Jahren, a. a. O., S. 30

196) G. Peters, Blausäure zur, a. a. O., S. 60

197) A. Schroll & Co.GmbH, Wien (Hrsg.), a. a. O., S. 131

198) H. Pape (Hrsg.), Die Praxis der Bekämpfung von Krankheiten und Schädlingen der Zierpflanzen, Berlin, Verlagsbuchhandlung Paul Parey 1936, S. 48

199) Deutsches Reich, Reichsgesundheitsblatt 1942, a. a. O., S. 194

200) W. Trappmann, Schädlingsbekämpfung 1927, a. a. O., S. 365

201) Rosenhaupt, Gesundheitswesen und Technische Einrichtungen der Stadt Mainz, Eckart & Pesch, Düsseldorf 1929, S. 6

202) H. W. Frickhinger, Gase in der, 1933, a. a. O., Anhang

203) K. Greiner (Hrsg.), Handbuch des praktischen Desinfektors, Blausäure. Th. Steinkopf, Dresden 1937, S. 206

204) Deutsches Reich, Reichsgesundheitsblatt, Jg. 18, 1943, Anhang

Teilkopie aus dem

Inventarverzeichnis zum 31.12.1945

der Firma

Rheinhold & Co,

Vereinigte Kieselguhr- und

Korkstein-Gesellschaft mbH

Werk Coswig / Anhalt [1]

1) Ein Exemplar dieses Inventarverzeichnisses existiert im Archiv des Autors

Vereinigte Korkindustrie A.G.,   Lauf, den 6.11.45
                                              Glockengiesser Str. 21
                                              Br/To.

Dir.
Abt. Rev.
Betr.: Jahresabschluss 1945

Wir bitten Sie, uns wie alljährlich, die zur Aufstellung
der Jahresbilanz notwendigen Unterlagen in einfacher Ausfertigung
schnellmöglichst einzureichen. Die Inventur genügt uns, zur
Arbeitsvereinfachung, in Ihrem Manuskript.

Wir verweisen Sie auf unsere früheren diesbezüglichen Schreiben.

In diesem Jahre müssen alle Bestände an Stoffen, Materialien,
unfertigen Arbeiten, Werkzeugen, Fahrzeugen, Maschinen, Mobilien
Schuppen etc. etc. genauestens festgestellt werden. Wir weisen
ausdrücklich darauf hin, dass nicht einfach die Karteien ab-
geschrieben werden dürfen.

Die im Laufe des Jahres 1945 nach der Besetzung abhanden gekommenen
Dinge müssen beweiskräftig in Listen zusammengestellt und
mit den Tageswerten eingesetzt werden.

Die Firmenleiter haben in diesem Jahre den Bilanzunterlagen folgende
Bescheinigungen beizufügen:

1.) Betr. Bilanzunterlagen 30.11. bzw. 31.12.45   (Firma)

    "Ich versichere wahrheitsgemäss, dass sämtliche Bestands-
    meldungen durch Ermittlung an Ort und Stelle durch Zählen,
    Messen, Wiegen etc. erfolgt sind und dass alles Wesentliche
    erfasst worden ist."

                              Datum:
                              Unterschrift:

2.) Betr. Verlustliste des Jahres 1945   (Firma)

    "Ich versichere hiermit, dass die Liste der durch die
    Ereignisse nach dem Einmarsch der feindlichen Truppen
    in Verlust geratenen Dinge nach bestem Wissen und Gewissen
    aufgestellt und bewertet ist."

                              Datum:
                              Unterschrift:

Neben der Inventur-Lagerbestände und Bestand an unfertigen Arbeiten
sind bei den unfertigen Arbeiten die noch auf den Montagestellen
liegenden, nicht montierten oder für die Montagestellen unterwegs befindlichen Vorräte und Materialien zu ermitteln und
wertmässig in einer Summe gesondert aufzugeben, notfalls im
Wege einer scharfen Schätzung. Die Nachkalkulationen brauchen
für diesen Zweck nicht geändert zu werden.

Es dürfen also nicht die Werte der auf der Nachkalkulation
stehenden Stoffe abgelesen, sondern es müssen die auf Montagestellen tatsächlich noch lagernden, noch nicht montierten
bzw. unterwegs befindlichen Stoffe irgendwie erfasst werden.

                    Mit Gruss
            Vereinigte Korkindustrie A.G.

            (Scheck)   (Brandt)

Rohstoffe   RM 6o.665,77

Fabrikate
     Masse   RM   8.687,14
     Erco   " 13.119,2o
     Schnur   "   5.773,47
     Dia- u. Superdiagrieß   "   2.6o2,5o
     Dia - Rohlinge   "   3.981,65
      " - gebrannte   " 72.oo4,75
      " - Hartbrand, Handform
            usw.   " 12.337,26
     Superdia - Rohlinge   "   1.866,83
        "   - Handform   " 2o.937,68
        "   - U   "   1.246,17
        "   - G   " 13.4o5,78
        "   - G ungeschlif."   8o7,91
     Schamottesteine u.Platten"   8.586,o2   RM 165.356,36

     Ersatzteile   RM 16.447,49
        "   Seite 33   "   117,8o
        "   "   34   "   2.596,62
        "   "   35   "   1.864,96
        "   "   37   "   871,26
     Betriebsmaterial S. 53   " 14.391,79
     Wirtschaftsgegenstände S 54   "   1.366,43
     Verpackungsmaterial   S.56   " 13.661,12
     Schläuche   S.57   "   31,97
     Treibriemen usw.   S.58   "   2.964,46
     Oele und Fette   S.59   "   2.145,o1   RM 56.458,91
                                                        RM 282,481,o4
                                                        =====================

Coswig-Anhalt,
den 14.2.1946
L./W.

R o h s t o f f e 1

	Menge				Betrag
Aluminiumfolie	2.534	qm	p.%	31,8o	8o5,81
Asbest, gemischt	5oo	kg	" "	66,--	33o,--
Anthrazit	55.ooo	"	" "	3,18	1.749,--
Dextrin	4oo	"	" "	47,4o	189,6o
Draht, geglüht	4oo	"	" "	83,--	332,--
Draht, verzinkt	1.2oo	"	" "	124,2o	1.49o,4o
Farbe, blau	675	"	" "	275,--	1.856,25
" , schwarz	8.7oo	"	" "	18,--	1.566,--
Gips	12.ooo	"	" "	2,87	344,4o
Glaubersalz	1.3oo	"	" "	5,53	71,89
Kaninchenhaare	1.5oo	"	" "	23,--	345,--
" m.Torf vermischt	2oo	"	" "	3o,--	6o,--
Kaolin	1o.5oo	"	" "	4,8o	5o4,--
Kieselgur, Abfallerde	38.5oo	"	" "	2,71	1.o43,35
" 41	5.6oo	"	" "	13,97	782,32
" K 15o	14.ooo	"	" "	5,9o	826,--
" K 24o	9.ooo	"	" "	4,75	427,5o
" R 36o	3.ooo	"	" "	3,25	97,5o
Kalk, treib.	2.ooo	"	" "	5,94	118,8o
Korkschrot	17.6oo	"	" "	4,--	7o4,--
Maisstärkepuder	1.ooo	"	" "	4o,57	4o5,7o
Molererde	73o.ooo	"	" "	1,85	13.5o5,--
Papierstreifen	6.ooo	"	" "	8o,--	4.8oo,--
Papiergarn, einfach	2.ooo	"	" "	141,2o	2.824,--
Si-Stoff	6.ooo	"	" "	3,27	196,2o
Sägespäne, Hartholz	12o.ooo	"	" "	1,98	2.376,--
" , Kiefer	989,7oo	"	" "	1,5o	14.845,5o
Schweineborsten	4oo	"	" "	43,5o	174,--
Ton B, gemahlen	2.ooo	"	" "	1,7o	34,--
" " , ungemahlen	22o.ooo	"	" "	1,12	2.464,--
Tonerde, kalz.	4.ooo	"	" "	32,75	1.31o,--
Tonerdeschmelzzement	5o	"	" "	8,45	4,23
Torffaser, ungewolft	2.68o	"	" "	17,--	455,6o
" gewolft	1.4oo	"	" "	3o,--	42o,--
" Abfall f. Schnur	33o	"	" "	8,--	26,4o
" Staub	1.2oo	"	" "	1,75	21,--
Schamottemehl 0,5 mm	7.ooo	"	" "	1,--	7o,--
" üb. 0,5 mm	9.5oo	"	" "	1,--	95,--
Wasserglas	635	"	" "	6,71	42,6o
Zellpechpulver	1o.1oo	"	" "	15,62	1.577,62
Zement	5.5oo	"	" "	3,7o	2o3,5o
Brikett	4o.ooo	"	" "	1,8o	72o,--
Quarzmehl	18.ooo	"	" "	2,37	426,6o
Superdianmehl	2.5oo	"	" "	1,--	25,--

insgesamt: 6o.665,77

<u>F a b r i k a t e !</u>

Masse T 1o	9.000	kg	a %	9,45	850,5o
" T 1o6	5.3oo	"	" "	7,o9	375,77
" E 12o	1o.000	"	" "	5,63	563,--
" K 36	9.000	"	" "	4,31	387,9o
" HM 3o8	3.000	"	" "	5,24	157,2o
" H 6 b	9.000	"	" "	3,45	31o,5o
Diamörtel	1o.5oo	"	" "	3,o6	321,3o
Superdiamörtel	12.000	"	" "	6,24	748,8o
Kieselgur extra leicht	8.000	"	" "	6,84	547,2o
Magerungspulver	3.000	"	" "	4,73	141,9o
Isolierbeton R 12	6.000	"	" "	15,62	937,2o
Verzögerungsmittel C	400	"	" "	14,88	59,52
Füllmasse	17,5oo	"	" "	4,65	813,75
Mörtelkitt D 1ooo	39.000	"	" "	6,34	2.472,6o

<u>E r c o</u>
<u>Blöcke, 5oox15oox6o</u>

1o.8oo St.	48,6oo	cbm	" "	4o,--	1.944,--
Würfel mit Stärke	38.8oo	kg	" "	24,4o	9.467,2o
Würfel ohne Stärke	7.000	"	" "	24,4o	1.7o8,--
Diagrieß Körnung					
0 - 7	3.375	"	" "	17,--	573,75
7 - 10	3.275	"	" "	45,--	1.473,75
4 - 7	95o	"	" "	22,--	2o9,--
0 - 2	84o	"	" "	11,--	92,4o
Superdiagrieß 2 - 5	1.275	"	" "	19,89	253,6o

<u>Korkschnur</u>

15 mm	2.6oo	m	" "	5,7o	148,2o
2o mm	9.000	"	" "	6,53	587,7o
25 mm	1o.6oo	"	" "	7,66	811,96
3o mm	3.000	"	" "	8,46	253,8o

<u>Kieselgurschnur</u>

15 mm	2.2oo	"	" "	4,o5	89,1o
2o mm	1o.4oo	"	" "	5,15	535,6o
25 mm	7.1oo	"	" "	6,3o	447,3o
3o mm	4.2oo	"	" "	7,7o	323,4o

<u>Schlackenwolleschnur, normal</u>

2o mm	7.1oo	"	" "	4,3o	3o5,3o
25 mm	9.5oo	"	" "	4,52	429,4o
5o mm	5o	"	" "	8,41	4,21

<u>Schlackenwolleschnur engm sch.</u>

25 mm	2oo	"	" "	7,75	15,5o
3o mm	1.6oo	"	" "	8,45	135,2o
4o mm	2.6oo	"	" "	11,6o	3o1,6o

Übertrag: 28.797,11

(2)

F a b r i k a t e

Übertrag: 28.797,11

<u>Schlackenwolleschnur m. Alfol</u>
```
20 mm              6.000 m  a %   12,--          72o,--
25 mm                400 m  " "   13,60           54,40
30 mm              1.3oo m  " "   15,60          2o2,80
40 mm              2.000 m  " "   2o,40          4o8,--
                                             ___________
                                             Isgesamt: RM  3o.182,31
                                             ===========
```

Dia - Rohlinge

Abmessungen:		Stück:	cbm	Preis/cbm	Betrag
Dia-Schalen					
216/5o	√7 330 lg.	12.576	25,o26	46,--	1.151,2o
165/7o	√6 330 lg.	9.4o8	27,o39	46,68	1.262,18
HB-Strangpresse					
25o x 123 x 65		1.6oo	3,2oo	30,--	96,--
HB-Handform					
Nr. "9"		745	4,328	65,--	281,32
" "7"		1o2	2,892	65,--	187,98
" "8"		88	2,495	65,--	162,18
" "9"		96	2,544	65,--	165,36
" "1o"		71	1,882	65,--	122,33
" "11"		43	1,o41	65,--	67,67
" "12"		6o	1,452	65,--	94,38
" "13"		84	1,84o	65,--	119,6o
" "14"		71	1,555	65,--	1o1,o8
" "5o"		57o	1,493	65,--	97,o5
" "56"		41o	1,128	65,--	73,32

insgesamt: RM 3.981,65

D i a (gebranntes Material)

Abmessungen	Stck.	cbm	Preis/cbm	Betrag
Dia-Schlagpresse				
25o x 123 x 65	3.36o	6,72o	54,---	362,88
25o x 12o x 65	2.688	5,242	54,---	283,o7
Dia-Strangpresse				
Nr. 25o x 123 x 65	12o.48o	24o,96o	54,56	13.146,78
25o x 123 x 5o	16.95o	26,1o3	6o,72	1.584,97
25o x 123 x 4o	2.1oo	2,585	55,---	142,o7
75 25o x 123 x 75	12.15o	28,o18	56,---	1.569,o1
25o x 17o x 65	92o	2,512	6o,---	15o,72
25o x 12o x1oo	84	-,252	62,---	15,62
15o 3oo x 15o x 65	32	-,o94	65,---	6,11
29 25o x 18o x 96/75	539	2,o56	6o,---	123,36
59 25o x 123 x 65/59	1.o8o	2,o63	56,---	115,53
28 25o x 123 x 65/53 93o		1,683	54,---	9o,88
5o 25o x 9o x 65/5o	59.249	76,668	8o,---	6.133,44
Dia-Schalen				
127/13o 1/15 25o lg.	7.996	13,952	8o,---	1.116,16
17/4o 1/2 25o lg.	8.4oo	7,518	87,48	657,67
27/4o 1/2 25o lg.	8.35o	8,792	87,48	769,12
33/4o 1/2 25o lg.	8.476	9,72o	87,48	85o,31
42/4o 1/2 25o lg.	1.71o	2,2o4	87,48	192,81
64/4o 1/2 25o lg.	68o	1,114	87,48	97,45
52o/4o 1/14 25o lg.	524	-,632	87,48	55,29
64/5o 1/2 33o lg.	3.4oo	1o,142	73,6o	746,45
76/5o 1/2 33o lg.	4.35o	14,355	73,6o	1.o56,53
83 /5o 1/2 33o lg.	2.39o	8,324	73,6o	612,65
95/5o 1/2 33o lg.	75	-,296	73,6o	21,79
1o8/5o 1/2 33o lg.	743	3,o71	73,6o	226,o3
127/5o 1/4 33o lg.	6.474	15,---	73,6o	1.1o4,---
133/5o 1/4 33o lg.	1o.1oo	24,159	73,6o	1.778,1o
165/5o 1/6 33o lg.	7.423	13,94o	73,6o	1.o25,98
176/5o 1/6 33o lg.	16.9oo	33,329	73,6o	2.453,o1
216/5o 1/7 33o lg.	23.875	47,535	73,6o	3.498,58
22o/5o 1/7 33o lg.	6.513	13,156	73,6o	968,28
241/5o 1/7 25o lg.	1.554	3,382	73,6o	248,92
21/6o 1/2 33o lg.	2.154	5,493	81,o8	445,37
57/7o 1/2 33o lg.	218	1,o14	74,68	75,73
114/7o 1/4 33o lg.	6.455	21,789	74,68	1.627,2o
165/7o 1/6 33o lg.	24.897	71,5o1	74,68	5.339,69
64/1oo 1/8 25o lg.	6.2o5	9,991	8o,---	799,28
1o2/1oo 1/5 25o lg.	3.53o	11,2o8	8o,---	896,64
127/13o 1/15 25o lg.	5.66o	9,877	8o,---	79o,16
176/13o 1/18 25o lg.	19.4oo	33,659	8o,---	2.692,72
MB - Schlagpresse				
Nr.12 15ox2oo/19ox65 mm	121o	2,3oo	6o,---	138,---
MB - Strangpresse				
25o x 123 x 65	191.451	382,9o2	47,---	17.996,39

insgesamt: RM 72.oo4,75

Anhang 2

VEB Gärungschemie Dessau

Handelsprodukt Cyanol

Etiketten